大数据治理丛书

大数据治理与服务

刘运席　主编

侯庆刚　杨会轩　栾建文　隆岩　张立群　张敬东　副主编

電子工業出版社

Publishing House of Electronics Industry

北京·BEIJING

内容简介

本书在细致分析大数据治理技术及大数据服务典型案例的基础上，详细介绍了大数据治理与服务相关内容，主要包括大数据基础、大数据治理与大数据服务、大数据治理工作机制、大数据治理现状分析和资源盘点、大数据治理专业能力、大数据服务专业能力、一体化大数据平台建设、一体化大数据平台＋区块链、一体化大数据平台应用场景及典型案例。

本书可作为各级政府企业、团体从事大数据治理工作相关人员的读本，也可作为院校大数据课程的教材。

图书在版编目（CIP）数据

大数据治理与服务 / 刘运席主编 . —北京：电子工业出版社，2021.6
ISBN 978-7-121-41415-2

Ⅰ . ①大…　Ⅱ . ①刘…　Ⅲ . ①数据管理-高等学校-教材　Ⅳ . ① TP274

中国版本图书馆 CIP 数据核字（2021）第 123644 号

责任编辑：朱怀永　　　　文字编辑：雒天骄
印　　刷：北京天宇星印刷厂
装　　订：北京天宇星印刷厂
出版发行：电子工业出版社
　　　　　北京市海淀区万寿路 173 信箱　邮编 100036
开　　本：787 × 980　1/16　印张：9.25　字数：204.8 千字
版　　次：2021 年 6 月第 1 版
印　　次：2021 年 9 月第 2 次印刷
定　　价：32.80 元

凡所购买电子工业出版社图书有缺损问题，请向购买书店调换。若书店售缺，请与本社发行部联系，联系及邮购电话：（010）88254888，88258888。

质量投诉请发邮件至 zlts@phei.com.cn，盗版侵权举报请发邮件至 dbqq@phei.com.cn。

本书咨询联系方式：（010）88254608 或 zhy@phei.com.cn。

前　　言

大数据已然成为数字经济时代最为关键的生产要素，以容量大、类型多、存取速度快、应用价值高为主要特征，具有可复制、可共享、无限增长和供给的禀赋，打破了有限供给的传统要素对经济增长的制约，为持续增长和永续发展提供了基础和可能。大数据是继云计算、物联网、移动互联网之后信息技术融合应用的新焦点，已逐步成为经济持续增长的新引擎，并快速驱动实体经济的数字化转型升级，成为创新驱动发展和建设现代化经济体系的新动力。

多角度、全方位的高质量数据是企业争夺行业制高点的关键。大数据治理成果已成为企业最核心的隐形财富，谁掌握了高质量的数据谁就能获得先机。大数据治理不仅表现在提高组织对数据采集、交换、治理、服务和区块链管理等能力，打通组织内或组织间各信息系统的数据孤岛，推进信息资源的整合、对接、共享和开放，实现数据互联互通、业务协同等方面，还表现在提升组织的数据管理能力，实现数据资产增值并从中获取业务价值，最大限度地降低风险并寻求方法进一步挖掘和利用数据，全面提升企业发展战略等方面。

组织开展一体化大数据平台项目建设，一般采用“能力导向”策略为主、“需求导向”策略与“问题导向”策略为辅，以“顶层设计＋局部落地”相结合的方式，按照“急用先行”的原则开展大数据治理活动。因此，本书重点介绍了数据权责、数据治理专业能力（即数据资源目录管理、数据标准管理、数据质量管理、数据共享与应用管理、数据安全管理、数据架构管理、数据全生命周期管理）和一体化大数据平台建设等内容。

参照国内外数据治理实践，特别是北京睿智欣泰的大数据治理与服务理念和实践应用的最新成果，编者按照大数据治理与服务工作的一般规律展开论述。本书主要介绍大数据治理与服务的一般工作方法、工作步骤和工作内容，特别介绍了结合区块链的落地方式和场景的最新应用，相信能给读者带来有益的启示。

鉴于编者水平有限，本书难免有遗漏和不尽人意之处，谨请专家、读者批评指正。

编者

2021 年 4 月

目　录

第 1 章　大数据基础

数据是一个国家基础性的战略资源，是 21 世纪的“钻石矿”。数据是数字经济时代新的和最为关键的生产要素，与其他的生产要素相比，其具有可复制、可共享、无限增长和供给的禀赋，打破了有限供给的传统要素对经济增长的制约，为持续增长和永续发展提供了基础和可能。近年来，数字经济在美国、德国等西方发达国家逐渐兴起，并成为推动经济增长的重要力量，发展数字经济逐渐成为全球共识。大数据、云计算、互联网是支撑数字经济的三大支柱，三者间关系密切、相互依赖、相互作用、缺一不可——大数据提供巨量数据资源，云计算提供数据资源的使用方式，互联网提供数据资源传输路径，三者共同作用构成数字经济系统。没有海量数据，云计算就成为摆设，互联网就像没有车辆行驶的高速公路，不可能产生数字经济；而没有云计算提供数据资源的使用方式，没有互联网提供数据资源的传输路径，大数据也仅仅是“钻石原矿”，甚至不会产生海量数据，只有小数据的经济不能成为真正意义上的数字经济。数字经济日益成为现代经济生活的普遍现象，经济的数字化已然成为现代经济变迁的基本趋势，可以说人类开启了一个新的时代——大数据时代。因此，建设现代化经济体系，无论是从现代产业体系视角还是从经济管理体系视角来看，均绕不开数字经济，绕不开大数据。对大数据的治理和经营管理，已成为当下许多企业的创新和竞争利器。例如，三一重工集团通过大数据治理分析，优化配件周转率，在保证服务水平的前提下，库存大幅下降近 50%，配件需求预测准确率提升 25%，大大降低了运营成本。可以说，数据资源将重塑未来经济发展的模式，必将推动人类价值创造产生新的飞跃。

1.1　大数据的概念

大数据，所涉及的资料量规模巨大以致无法在一定时间内通过常规软件工具进行捕捉、管理、处理，并整理成为帮助经营决策的数据集合或资料，是需要新的处理模式才能具有更强的决策力、洞察力和流程优化能力的海量、高增长率和多样化的信息资产。

大数据是以数据模型采集的各种信息的总和，是对人与事的存在形态和发展状况的数据描述，是以数据方式反映的客观存在。通常，狭义的大数据是指可以采集、存储和开发利用的海量、实时、多样化的数据集合；而广义的大数据除了数据集合的含义外，还包括在开发大数据中发现的新知识，创造新价值、提升新动能的新技术和新业态。大数据之大不仅在于其容量大，更在于其价值大。而大数据技术，就是从各种类型的数据中快速获得有价值信息的技术。

1.2　大数据的特点

业界通常用“5V”来描述和概括大数据的特征，即 Volume，Variety，Value，Velocity 和 Veracity（数据量大、数据多样性、价值密度低、处理速度快和真实性）。

（1）Volume：数据量大，包括采集、存储和计算的量都非常大。大数据的起始计量单位至少是 PB 级别（1 PB=1024 TB）、EB 级别（1 EB =1024 PB）或 ZB 级别（1 ZB =1024 EB）。目前，世界上 90%的数据都是在过去两年中创建的，世界上的数据每两年翻一番。如此大量的数据主要由机器、网络、社交媒体和传感器生成。

（2）Variety：数据种类和来源多样化，拥有不同的数据格式。大数据包括结构化、半结构化和非结构化数据，具体表现为网络日志、音频、视频、图片、地理位置信息等。多种类型的数据对数据处理能力提出了更高的要求。这些数据格式会产生存储和分析数据的问题，这也是我们需要在大数据领域克服的主要挑战之一。

（3）Value：数据价值密度相对较低，或者说虽是浪里淘沙却又弥足珍贵。随着互联网及物联网技术的广泛应用，信息感知无处不在，信息海量，但其价值密度较低，如何结合业务逻辑并通过强大的机器算法来挖掘数据价值，是大数据时代最需要解决的问题。

（4）Velocity：是指数据生成、存储、分析和移动的速度。数据增长速度快，需要的处理速度也快，对时效性要求高。例如，搜索引擎要求几分钟前的新闻能够被用户查询到，个性化推荐算法尽可能完成实时推荐。这是随着互联网连接设备可用性的提升，无线或有线机器和传感器可以在创建数据后立即进行传递而得以实现的。利用大数据技术可以实现实时数据流，并帮助企业做出有价值的快速决策。

（5）Veracity：数据的准确性和可信赖度，即数据的质量、可信度、偏差、噪声和异常等。数据损坏很正常，可能由于多种原因而产生，例如拼写错误、缺失或不常见的缩写、数据重新处理和系统故障等。但是，如果忽略这些不真实数据，可能会导致数据分析不准确，最终导致企业做出错误的决策。因此，进行数据校正对于大数据分析而言非常重要。

1.3　大数据的价值与应用

大数据是以容量大、类型多、存取速度快、应用价值高为主要特征的数据集合，其蕴藏的巨大价值和潜力正逐步显现。它不仅是与物资、能源一样重要的经济要素，而且可以改变传统要素在经济发展中的组合，是建设现代化经济体系不可或缺的战略资源。基于大数据这一关键要素的数字经济已成为我国大力发展的创新型经济。

以云计算、大数据和互联网等全新的信息技术与经济发展的交汇融合引发了数据迅猛增长，随着可分析和使用的数据量迅猛增加，通过对这些数据进行挖掘、脱敏、脱密、分析、应用、叠加，可以发现新的知识，创造新的价值，带来大知识、大科技、大创新、大服务、大发展。大数据是经济社会发展的革命性新动力，以信息流带动技术流、资金流、物资流、人才流，可以促进资源配置优化、质量发展和效益提升，是转变经济发展方式的有效途径，也是建设现代化经济体系的得力工具。运用大数据思维，建立用数据说话、用数据决策、用数据管理、用数据创新的机制，将极大地提高经济发展质量和效益。通过大数据分析，企业可以实时掌握市场动态，敏锐地洞察客户、消费者及合作伙伴的行为和变化趋势，并迅速做出应对，制定更加有效的营销策略，更加精准地优化企业运营，更加和谐地与合作伙伴协同创新，为消费者提供更加个性化且及时的服务。大数据还可以提高政府宏观调控、社会管理和市场监管能力，促进政府决策科学化、社会治理精准化、市场监管高效化。金融、电信、电商、交通、物流、外贸、能源、旅游等领域大数据的实时汇聚、挖掘和运用，能让宏观调控更好地实现主动预调和微调，提高对风险因素的感知、预测和防范。此外，大数据具有极高的渗透性和驱动功能，已成为跨界融合发展的驱动力，正在引发各领域、各行业的生产模式、商业模式、管理模式的变革和创新，促使各行各业的发展从业务驱动向数据驱动转变，实体经济发展步入数字化转型、融合化创新、体系化重塑发展的新时代。在制造领域，大数据可以打通车间、仓储、市场等产业链上下游之间的信息渠道，消除供求信息不对称，优化资源配置，实现供需动态平衡；在服务业领域，大数据可以提升精准营销和服务能力，促进供求精准匹配、服务业态创新和服务质量提档升级；在农业领域，大数据可以提高农业抗旱抗灾能力，提升农产品质量，为农业增效、农民增收、农村发展提供有力支持。因此，要全面实施促进大数据发展行动，大力推进网络信息产业跨越式创新，加快数据资源红利释放，推动实体经济和数字经济融合发展，推动制造业加速向数字化、网络化、智能化转型和发展，继续做好信息化和工业化深度融合这篇建设现代化经济体系的大文章。

第 2 章　大数据治理与大数据服务

大数据治理的要求体现在数据资产管理、数据开发、数据质量、数据安全及数据共享机制等方面，对信息系统起到了统一规划、承上启下的作用，向上承接了战略发展方向和业务模式，向下规划和指导了各信息系统的定位和功能，实现从数据集成、数据固化、数据维护到数据应用落地、数据共享和开发。而大数据服务的要求体现在数据获取、数据交换加工、数据处理和分析、数据时效性和数据共享开发等方面，实现数据交换、数据整合、数据处理、数据传输、数据共享等功能。

通过构建大数据治理体系，整合组织内外部的数据资源，实现统一的数据模型，实现数据共享和互联互通，以数据驱动业务创新发展；推动各业务领域数据应用创新，挖掘数据价值，打造产业竞争新优势；支撑高效的数据资产运营，提升合作伙伴价值，培育“共享共赢”的新业态。从而实现从统计分析向预测分析转变、从单领域向跨领域转变、从被动分析向主动分析转变、从非实时分析向实时分析转变、从结构化数据向多元化数据转变。数据服务和数据治理需求图如图 2-1 所示。

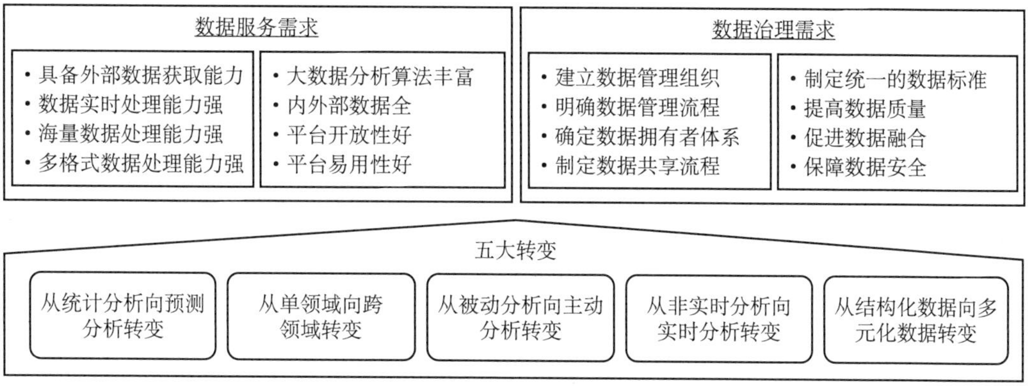

数据服务需求

- 具备外部数据获取能力
- 数据实时处理能力强
- 海量数据处理能力强
- 多格式数据处理能力强

- 大数据分析算法丰富
- 内外部数据全
- 平台开放性好
- 平台易用性好

数据治理需求

- 建立数据管理组织
- 明确数据管理流程
- 确定数据拥有者体系
- 制定数据共享流程

- 制定统一的数据标准
- 提高数据质量
- 促进数据融合
- 保障数据安全

五大转变

从统计分析向预测分析转变

从单领域向跨领域转变

从被动分析向主动分析转变

从非实时分析向实时分析转变

从结构化数据向多元化数据转变

图 2-1　数据服务和数据治理需求图

2.1　数据管理能力成熟度评估模型与等级

《数据管理能力成熟度评估模型》（Data Management Capability Maturity Assessment Model，简称 DCMM）是我国数据管理领域首个正式发布的国家标准。该标准建立了组织和机构数据管理和应用能力的评估框架，通过数据管理能力成熟度模型，可以清楚地定义数据当前所处的发展阶段以及未来发展方向。具体来说，这个模型具有以下 5 大作用。

1. 发现存在的问题，指明发展方向

通过对企业 DCMM 的评估，可以发现企业数据管理过程中存在的问题，并且根据其他企业的最佳实践经验，给出针对性的建议；同时可以发现企业数据管理过程中的优点，并加以强化和宣传。

2. 建立数据管理能力，提高企业竞争力

通过 DCMM 的评估和培训，可以加强企业内部技术人员、业务人员及管理人员的数据资产意识，提升相关从业者的技能，厘清数据管理和应用建设的思路和框架，规范和指导相关工作的开展。

3. 准确评价各地大数据发展现状

通过对数据管理和应用情况的评估，可以掌握各单位大数据管理和应用的现状，发现具备的优势和存在的问题，为如何更好地利用本地的数据资源和进行针对性的指导提供支持。

4. 培养大数据发展人才

大数据产业发展是技术驱动式的，对人员的技能和素质有很高的要求，通过DCMM的评估可以对各单位的大数据从业人员进行培训，提升其数据管理和应用的技能，进而从整体上促进数据行业的整体发展。

5. 规范和指导大数据行业发展

大数据行业是相对较新的行业，理论和知识都处于发展阶段，特别是数据管理和应用的知识体系。通过DCMM的评估可以规范和指导大数据行业的发展，提升从业人员数据资产意识和数据技能，并推广和传播数据管理最佳实践，从而促进该行业的整体发展。

DCMM可用来帮助和指导相关组织和单位定位数据管理等级、加强数据管理能力、提升数据资产价值，同时对数据管理从业人员进行培训，提升其数据管理和应用的技能，规范和指导大数据行业的高效和有序发展。

DCMM对数据管理的关键能力进行了定义，共分为8个能力域。DCMM核心评价维度能力域图如图2-2所示。每个能力域又分为多个能力项，共29个数据管理的能力项。DCMM数据管理能力表见表2-1。

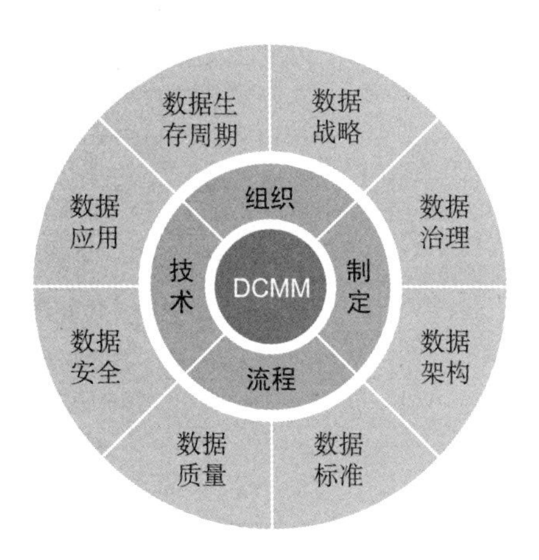

图 2-2 DCMM 核心评价维度能力域图

表 2-1 DCMM 数据管理能力表

能力域	能力项
数据战略	数据战略规划
	数据战略实施
	数据战略评估
数据治理	数据治理组织
	数据制度建设
	数据治理沟通
数据架构	数据模型
	数据分布
	数据集成与共享
	元数据管理
数据应用	数据分析
	数据开放共享
数据应用	数据服务
数据安全	数据安全策略
	数据安全管理
	数据安全审计
数据质量	数据质量需求
	数据质量检查
	数据质量分析
	数据质量提升

续表

能力域	能力项
数据标准	业务术语
	参考数据和主数据
	数据元
	指标数据
数据生存周期	数据需求
	数据设计和开发
	数据运维
	数据退役

DCMM 将组织数据管理能力成熟度评价划分为五个等级：初始级、受管理级、稳健级、量化管理级和优化级。DCMM 数据管理能力成熟度等级图如图 2-3 所示。

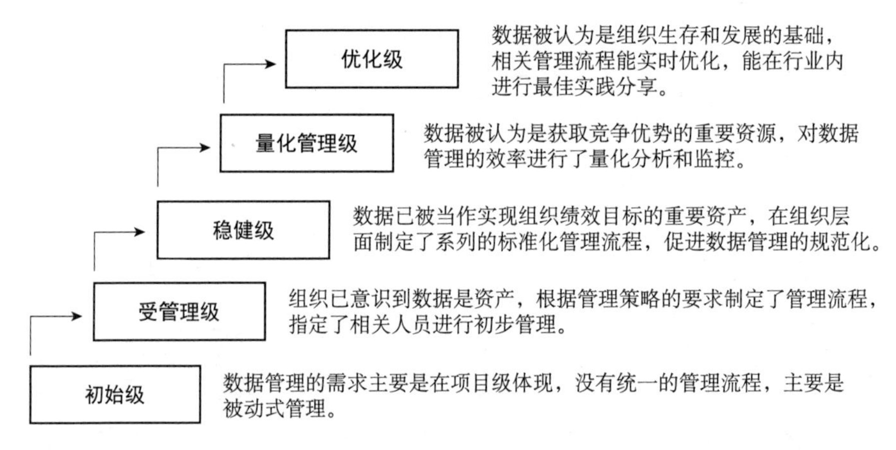

图 2-3　DCMM 数据管理能力成熟度等级图

1. 初始级

数据管理的需求主要在项目级体现，没有统一的管理流程，主要是被动式管理，具体特征如下：组织在制定战略决策时，未获得充分的数据支持；没有正式的数据规划、数据架构设计、数据管理组织和流程等；业务系统各自管理自己的数据，各业务系统之间的数据存在不一致现象，组织未意识到数据管理或数据质量的重要性；数据管理仅根据项目实施的周期进行，无法核算数据维护、管理的成本。

2. 受管理级

组织已意识到数据是资产，根据管理策略的要求制定了管理流程，指定了相关人员进行初步管理，具体特征如下：意识到数据的重要性，并制定部分数据管理规范，设置了相关岗位；意识到数据质量和数据孤岛是重要的管理问题，但目前没有解决问题的办法；组织进行了初步的数据集成工作，尝试整合各业务系统的数据，设计了相关数据模型和管理岗位；开始进行了一些重要数据的文档工作，对重要数据的安全、风险等方面制定相关管理措施。

3. 稳健级

数据已被当作实现组织绩效目标的重要资产，在组织层面制定了系列的标准化管理流程，促进数据管理的规范化，具体特征如下：意识到数据的价值，在组织内部建立了数据管理的规章和制度；数据的管理和应用能结合组织的业务战略、经营管理需求及外部监管需求；建立了相关数据管理组织、管理流程，能推动组织内各部门按流程开展工作；组织在日常的决策、业务开展过程中能获取数据支持，明显提升工作效率；参与行业数据管理相关培训，具备数据管理人员。

4. 量化管理级

数据被认为是获取竞争优势的重要资源，对数据管理的效率进行了量化分析和监控，具体特征如下：组织层面认识到数据是组织的战略资产，了解数据在流程优化、绩效提升等方面的重要作用，在制定组织业务战略的时候可获得相关数据的支持，在组织层面建立了可量化的评估指标体系，可准确测量数据管理流程的效率并及时优化；参与国家、行业等相关标准的制定工作；组织内部定期开展数据管理、应用相关的培训工作；在数据管理、应用的过程中充分借鉴了行业最佳案例及国家标准、行业标准等外部资源，促进组织本身的数据管理、应用的提升。

5. 优化级

数据被认为是组织生存和发展的基础，相关管理流程能及时优化，能在行业内进行最佳实践分享，具体特征如下：组织将数据作为核心竞争力，利用数据创造更多的价值、提升和改善组织的效率；能主导国家、行业等相关标准的制定工作；能将组织自身数据管理能力建设的经验作为行业最佳案例进行推广。

2.2 大数据治理的概念

大数据治理是将数据作为组织资产而展开的一系列具体化工作，覆盖大数据的获取、处理、存储、质量检查、安全等各个环节，是对数据的全生命周期管理。一般说来，组织需要制定数据管理办法、设置数据专员、定义数据、统一主数据标准。在数据全生命周期管理各阶段，如数据生产、传输、存储、归档、处置等时，需要考虑大数据保存时间与存储空间的平衡，识别对单位业务有关键影响的数据元素，并检查和保证数据质量。在隐私方面，组织需要考虑对数据的隐私保护要求，制定相应共享开放政策，还要将大数据治理与政府或企业内外部风险管控需求建立联系。

狭义上讲，大数据治理是指对数据质量的管理，专注于数据本身。广义上讲，大数据治理是对数据的全生命周期进行管理，包含数据采集、清洗、转换等传统数据集成和存储环节的工作，同时还包含数据资产目录、数据标准、数据质量、数据安全、数据开发、数据价值、数据服务与应用等环节。在整个数据生命周期开展的业务、技术和管理活动都属于数据治理范畴。有的专家干脆把广义的数据治理称为数据资产管理。一般情况下，大数据治理与服务采用以业务规范为核心的自上而下的设计思路。

大数据治理专注于组织对数据资产进行应用和管理的一套管理机制，能够消除数据的不一致性，通过基于业务规范的数据应用标准，提高数据质量，实现数据内外部共享，并能够将数据作为组织的宝贵资产应用于业务、管理和战略决策中，发挥数据资产价值。在为实现数据资产价值而进行的数据获取、控制、保护、交付及提升时，需要对流程做出计划、执行和监督工作。大数据治理活动主要由数据架构管理、数据质量管理、元数据管理、数据安全治理、参考数据和主数据管理几部分组成。一是数据架构管理，用于定义组织的数据需求，设计实现数据需求的蓝图，通常包括数据标准管理、数据模型管理、数据流向和集成架构等。二是数据质量管理，是指通过计划、实施和控制活动，运用质量管理技术度量、评估、改进和保证数据的恰当使用。三是元数据管理，是指通过计划、实施和控制活动，以实现轻松访问整合的高质量元数据。四是数据安全管理，是指通过计划、制定并执行数据安全政策和措施，为数据信息提供适当的认证、授权、访问和审计。五是参考数据和主数据管理，是指通过计划、实施和控制活动，以保证参考数据与主数据的一致性。

大数据治理体系是指从组织架构、管理办法或制度、操作规范或流程、IT应用技术、绩效考核等多个维度对组织的数据资源目录建设、数据标准管理、数据质量管理、数据安全管理、数据架构管理和数据全生命周期管理等各个方面进行全面梳理、建设和改进的体系。

目前，业界流行的数据治理软件，一般也被称为数据资产管理产品、数据治理产品等，主要功能组件包括元数据管理工具、数据标准管理工具、数据模型管理工具、数据质量管理工具、主数据管理工具、数据安全管理工具等，可为组织提供统一的元数据集成、数据标准管理、数据模型设计、数据质量稽核、数据资产目录、数据分析服务等功能。

2.3 大数据治理的现状

伴随信息化的深入推进、数据的几何式增长，组织的数据治理能力的不足逐步显现，成为困扰组织的重大问题之一，主要体现在以下几个方面。

（1）数据沼泽或数据多头管理问题，缺少专门对数据管理进行监督和控制的组织。信息系统的建设和管理职能分散在各部门，数据管理的职责分散且权责不明确。组织的各部门关注数据的角度不一致，缺少一个从全局视角对数据进行管理的组织，导致无法建立统一的数据管理规程、标准等，相应的数据管理和监督措施也无法得到落实；缺乏有效的数据考核体系，无法保障数据管理和规程的有效执行；缺乏管理流程将已有的数据管理办法进行规范化的、统一化的、可量化的落地。例如，某组织有许多数据源，但不知道谁拥有数据，无法联系相应的负责人；不知道组织中已经存在哪些数据集，也不知道谁使用了类似的数据探索过类似的问题；很难找到有意义的、可信赖的数据；没有适当的流程来请求他们需要的数据；没有简单的方法在一个地方准确识别数据源；不知道数据意味着什么或者应该如何使用数据。

（2）多系统分散建设，没有统一且规范的数据标准和模型，尚未形成完整的数据治理体系，缺乏数据管理的流程和机制。组织和机构为应对迅速变化的市场和社会需求，逐步建立了各自的信息系统，但各部门站在各自的立场生产、使用和管理数据，使得数据分散在不同的部门或信息系统中，缺乏统一的数据规划、可信的数据来源和标准，导致数据不规范、不一致、无法交换共享等问题的出现，各信息系统间的数据资源整合和共享能力不能满足组织发展的要求。例如，数据标准不统一、技术类型不统一等造成数据不一致、不规范等；由于数据元和数据编码不一致造成了代码数据混乱等问题。

（3）缺少统一的主数据，组织机构核心系统的数据等主要信息并不是存储在一个独立的系统中，或者不是通过统一的业务管理流程进行维护。尚未建立统一的主数据管理组织，缺乏对本单位主数据的编码、标准、质量等进行管理，就无法保障主数据在整个业务范围内保持一致、完整和可控，业务数据的正确性也无法得到保证，也无法有效地对各领域的数据标准进行发布、维护等管理工作。

（4）缺乏统一的数据质量管理流程体系。缺少对数据质量的有效管理及考核，数据质量未纳入质量体系进行管理。当前，数据质量管理主要是由组织的各部门分头进行，跨部门的数据质量沟通机制不完善，缺乏清晰的跨部门的数据质量管控规范与标准，数据分析随意性强，存在业务需求不清的现象，影响了数据质量。大多数的数据自动采集尚未完全实现，处理过程存在人为干预问题，很多部门存在数据质量管理人员不足、知识与经验不够、监管方式不全面等问题，缺乏完善的数据质量管控流程和系统支撑能力。缺乏统一的、具体的数据质量管理规范与指导，各部门的信息系统对于数据质量管理的标准与方法各不相同，跨领域的数据集成与共享时的数据质量难以保证，也缺乏专业的数据质量工具的支撑，欠缺提高数据质量管理的工作能力。例如，缺少数据质量检查，大量脏数据的存在影响了应用效果；缺少问题数据管控，发现问题数据后，不能合理地解决数据处理的问题。

（5）数据全生命周期管理不完整。数据的生产、使用、维护、备份到销毁的数据全生命周期管理规范和流程还不完善，不能确定过期和无效数据的识别条件，非结构化数据未被纳入数据全生命周期的管理范畴。无信息化工具支撑数据生命周期的状态查询，元数据的管理不到位或不能有效使用。

（6）数据安全管理重视程度不够。由于缺乏对数据架构管理的统一要求，虽然在数据安全领域管理能力较强，对于重要数据已进行了分类、分级并对其传输、存储等环节进行了加密管理，但是数据提供方对于数据的共享安全行为存在的疑虑会降低在单位内数据共享的程度。例如，缺少流程审批机制，造成数据安全管控缺失，存在数据安全风险；缺少敏感数据的管控，造成敏感数据不安全的问题。

（7）数据集成、融合、利用存在问题。缺少可靠的数据采集和集中手段，无法实现结构化和非结构化等多源数据的可靠汇聚；数据融合效率低，融合维护烦琐。缺少多源数据汇集一致性保证措施，难以跟踪数据汇集过程并发现数据差异。缺少端到端的数据交换，数据交换过程烦琐，开发实施成本高。缺少复杂网段情况下的大数据量交换可靠保证机制，造成跨网段情况下的数据不一致、数据丢失、数据堵塞等问题。缺少数据安全共享机制，影响了业务系统之间的数据安全交换与共享。

（8）维护和管理成本高。数据采集、交换、加工、治理等流程基于不同的产品模块，集成成本高，扩展性差；缺少统一的元数据管理，元数据集成和元数据完善成本高且工作量大。例如，缺少统一的管理平台，实施和更改困难；缺少统一的数据服务和治理平台支持逐步实施和迭代的问题，数据跟踪维护困难等。

2.4　大数据治理的价值

只有建立了完整的大数据治理体系和服务体系，保证数据的质量，才能够真正有效地挖掘单位内部的数据价值，提高对外竞争力。

（1）高质量数据是业务创新、管理决策的基础。互联网企业对其他各行业的冲击加剧了市场竞争，许多企业面临收入增速放缓、利润空间逐步缩小的局面，过去单纯的外延式增长已经难以为继。因此，必须向外延与内涵相结合的增长方式转变，未来效益的提升很大程度上要依靠内部潜力挖掘实现，这从客观上对单位的创新能力提出了更高的要求。而提升单位内部数据管理的精细化水平，是开展业务创新和管理决策的重要基础，能够为企业创造巨大效益。

（2）标准化的数据是优化商业模式、指导生产经营的前提。许多企业的 IT 系统都经历了数据量高速膨胀的时期，这些海量的分散式数据导致了数据资源利用的复杂性和管理的高难度，形成了一个个系统竖井，系统之间的关系和标准化数据从哪里获取都无从知晓。通过数据治理工作，可以对分散在各系统中的数据提供一套统一的数据命名、数据定义、数据类型、数据赋值规则等定义基准，可以防止数据的混乱使用，确保数据的正确性及其质量，并可以优化商业模式，指导企业生产经营工作。

（3）多角度、全方位的高质量数据是企业开展市场营销、争夺行业制高点的关键。大数据治理成果已成为企业最核心的隐形财富，谁掌握了准确的数据谁就能获得先机。面对当前竞争日益激烈的市场，企业如何在不同的细分市场构建客户画像并开展精准营销，如何选择竞争策略、进行经营管理决策，都必须基于360度全方位且准确的大数据分析判断后才能得出。

2.5　大数据治理的演进

数据治理其实从20世纪90年代的编码时代就已经开始了，主要利用管理信息系统（MIS）以发布主数据代码为主，采用接口开发的形式分发数据，采用B/S架构和C/S架构。21世纪初进入了主数据时代，主要采用SOA、B/S架构，为ERP等经营管理系统服务。2012年进入信息标准化时代后，出现了基于信息标准化的智能工厂和数据服务等，主要采用自主ESB数据交换平台，采用微服务架构，满足MES、PLM等多个层面的数据共享，可以实现动态建模、移动应用、内容扩展、多语言兼容等。2018年进入大数据治理时代，出现了基于数据资产、一体化深度融合的大数据治理平台，主要采用一体化数据治理和服务平台及微服务架构初步替代传统架构，将数据作为生产要素，经过治理后通过数据服务实现数据资产增值，敏捷交付、业务规范（含数据标准、业务规则）与数据服务深度融合，快速进行迭代。数据治理时代演进图如

图 2-4 所示。

1994—2004年	2005—2011年	2012—2017年	2018—
编码时代	**主数据时代**	**信息标准化时代**	**大数据治理时代**
名称：编码系统、编码网站	名称：主数据管理系统	名称：信息标准化管理系统	名称：数据治理平台
关键词：MIS系统	关键词：ERP	关键词：智能工厂、数据服务	关键词：数据资产、一体化深度融合
以发布主数据代码为主，采用接口开发的形式分发数据	主要采用国外主流产品，如SAP等	主要采用自主ESB数据交换平台	主要采用一体化数据治理与服务平台及微服务架构初步替代传统架构
B/S架构、C/S架构都有	较多使用国外ESB产品	采用微服务架构，满足MES、PLM等多个层面的数据共享	将数据作为生产要素，经过治理后通过数据服务实现数据资产增值
	主要采用SOA、B/S架构，为ERP等经营管理系统服务	动态建模、移动应用、内容扩展、多语言兼容	敏捷交付、业务规范（含数据标准、业务规则）与数据服务深度融合

图 2-4　数据治理时代演进图

2.6　大数据治理的目标

大数据治理的目标就是提高组织对数据采集、交换、治理、服务及进行区块链管理等能力，打通组织内或组织间各信息系统的数据孤岛，推进信息资源的整合、对接、共享和开放，实现数据互联互通、业务协同、数据管理及数据增值，并从中获取业务价值，最大限度地降低风险，并寻求方法进一步开发和利用数据，提升信息化和数字化水平。

大数据治理过程中会涉及定义管理数据资产的具体职责和决策权，以指导业务规范活动。比如数据出了问题，到底是谁的责任？数据定义和业务规则，业务部门负责；数据录入工作，业务人员负责；数据使用，业务人员来使用；数据考核，业务部门有权力。实际上，开展数据治理工作，就必须先清楚一点：数据治理是业务部门和 IT 部门共同的职责。

大数据治理过程中会涉及为数据管理实践制定原则、标准、规则和策略等。数据的一致性、可信性和准确性对于确保做出增值决策来说至关重要。例如，制定数据标准的目的是为了使业务人员、技术人员在提到同一个指标、名词、术语的时候有一致的含义。数据模型对企业运营过程中涉及的业务概念和逻辑规则进行统一定义。业务规则是一种权威性原则或指导方针，用来描述业务交互，并建立行动和数据行为结果及完整性的规则。元数据能够帮助增强数据理解，可以架起企业内业务与 IT 部门之间的桥梁。主数据用来描述参与组织业务的人员、地点和事物。参考数据是系统、应用软件、数据库、流程、报告及交易记录中用来参考的数值集合或分类表。

大数据治理过程中也会涉及建立数据治理流程体系，以提供对数据的连续监视和控制实践，并帮助组织在不同职能部门之间执行与数据相关的决策，以及区分业务用户类别。

总之，大数据治理需要组织各方的共同参与，基于业务流程，通过“自上而下”和“自下而上”的数据治理活动，实现数据服务和业务规则的深度融合，消除数据孤岛和瓶颈，实现数据互联互通、数据化的全面协同与跨部门的流程再造，形成用数据说话、用数据决策、用数据管理、用数据创新的治理机制，通过可信数据服务实现数据增值。

2.7　大数据服务

大数据服务体现在数据采集、数据交换、数据处理和分析能力、数据时效性、数据共享等方面，以实现数据交换、数据整合、数据处理、数据传输、数据共享等功能。大数据服务平台采用面向服务的架构（SOA），主要由运行支撑、加工组件、服务组件、数据服务总线等组成。大数据服务的目标是实现统一的数据获取、数据存储、数据建模，提供多元化的数据服务，保障数据安全，实现数据充分共享互通，实现数据资产的开放运营。

大数据服务平台内置服务管理、流程管理、数据加密、调度引擎、日志管理、规则引擎等模块，相互之间协同运行，作为一个整体可方便各种交换服务、数据加工、质量处理服务、传输服务等模块作为插件插入到平台中，搭载统一的元数据管理引擎，方便数据服务平台对元数据的管理。服务组件提供易用可管理的服务，包括交换服务、整合服务、数据质量服务、同步服务、文件处理服务、传输服务、Shell 服务等，并提供流程实现这些服务之间的组合，如顺序执行、并行执行、条件处理等，形成组合服务。服务总线是服务的对外开放门户，包括服务接入、服务管理、服务授权、服务路由等，实现对服务的调度和控制，将配置好的服务分级授权给不同的部门和用户，并作为服务使用入口，当用户访问服务时，服务总线将进行用户的身份鉴定，在通过后检查其访问权限，再通过后才能使用该服务，以保证服务安全可控。在屏蔽数据源的前提下访问数据服务，实现共享数据的安全授权。大数据服务平台架构图如图 2-5 所示。

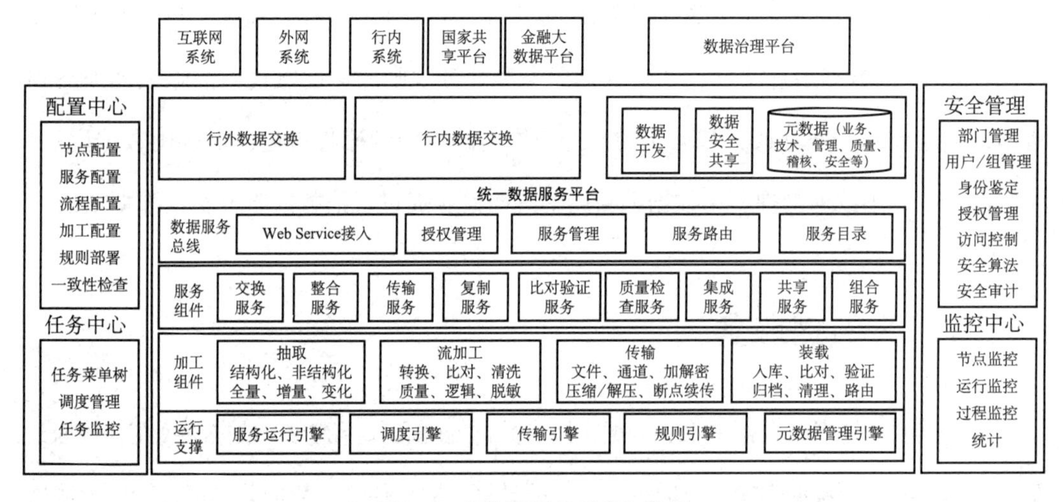

图 2-5　大数据服务平台架构图

第 3 章　大数据治理工作机制

大数据治理工作严格来说是一把手工程，需要组织内各方的共同参与，共同做好数据治理的顶层设计、局部落地、数据管理的持续迭代工作。在组织内需要成立专门的数据管理机构统筹协调各方资源，共同开展数据管理活动，推动大数据治理体系建设，提升数据管理能力；将数据管理活动落实到一线信息系统并嵌入到系统全生命周期，解决好数据治理过程中存在的突出的数据质量问题，从源头提升数据资源质量，促使参与各方共同分享高质量的数据治理成果，打造共建、共治、共享的数据治理新格局，构建大数据治理体系。大数据治理框架图如图 3-1 所示。

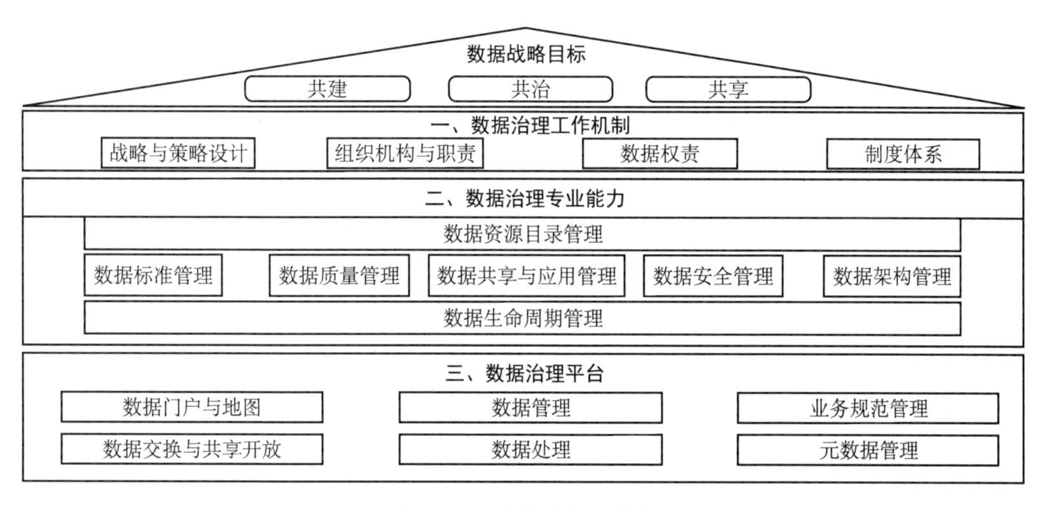

图 3-1　大数据治理框架图

3.1 大数据治理战略与策略设计

参考国内外数据治理最佳实践，全面梳理组织数据现状，编制组织的大数据治理体系规范，搭建一体化大数据平台，围绕数据主题域开展数据治理活动，提升业务数据质量，促进数据的共享与应用创新。

首先应明确大数据治理体系的建设需要组织所有利益相关方的共同参与，不同的利益相关方应以不同的建设策略作为指导，以便更好地指导本利益相关方开展具体的数据治理工作。

大数据治理体系建设一般采用以“能力导向”策略为主、“需求导向”策略与“问题导向”策略为辅、以“顶层设计 + 局部落地”相结合的方式，组织各利益相关方共同开展数据治理活动。能力导向策略是指以组织所欠缺的数据管理能力建设为驱动，“自顶向下”构建数据治理体系框架，作为各利益相关方开展具体数据治理工作的规范性指导框架。需求导向策略是指以数据应用需求作为数据治理的直接驱动力，按照“急用先行”的原则开展数据治理建设工作，实现快速见效。问题导向策略是指以大数据应用中迫切需要解决的热点问题为驱动，在解决问题的过程中，以点带面，引导出各项数据治理能力的建设需求，在体现数据治理价值的同时，逐步完善数据治理体系框架。

一般来说，大数据治理实施方案应包括数据治理战略和策略设计、数据蓝图规划、数据标准设计和统一管理、数据质量管理、数据安全管理和技术支撑六大部分。大数据治理实施方案图如图 3-2 所示。

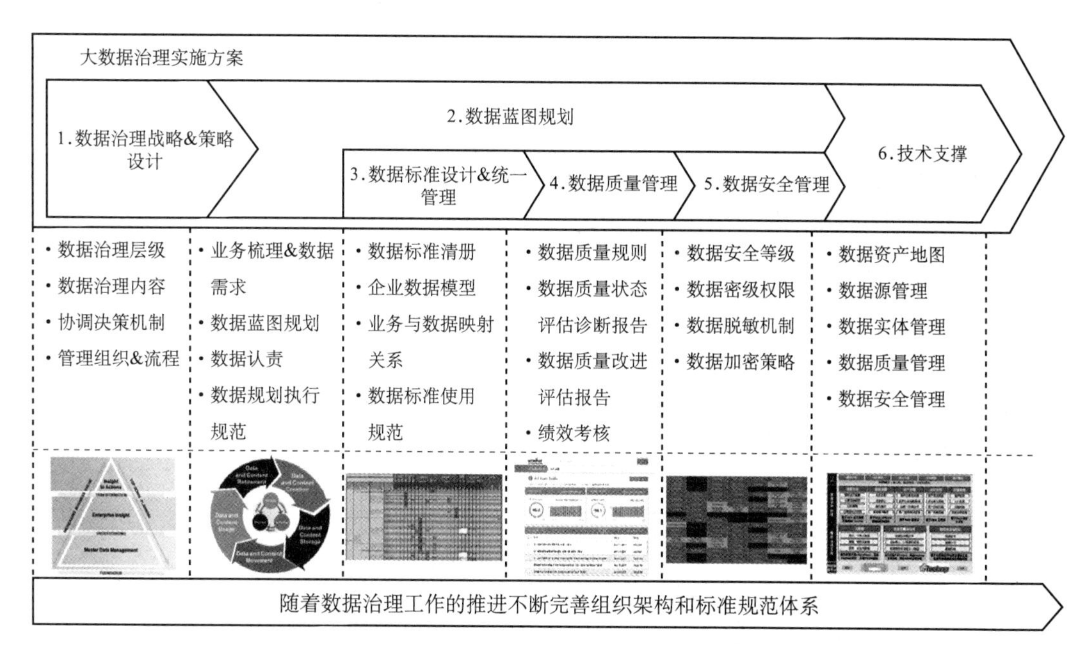

图 3-2 大数据治理实施方案图

3.2 大数据治理组织机构与职责

大数据治理组织结构是做好数据治理工作的组织保障，是实现组织大数据治理愿景和目标的基石。现在，几乎每个单位都有自己的网络安全与信息化工作领导小组，组长一般由单位主要领导兼任，主要负责本单位的网络安全和信息化工作的重大决策，这就为组织的大数据治理工作明确了主要责任人和责任单位。以某集团公司为例，集团需要构建覆盖总部职能部门、专业分公司、信息化项目成员等在内的数据管理组织机构，并由集团公司信息化工作领导小组负总责，该集团公司大数据治理组织架构图如图 3-3 所示。

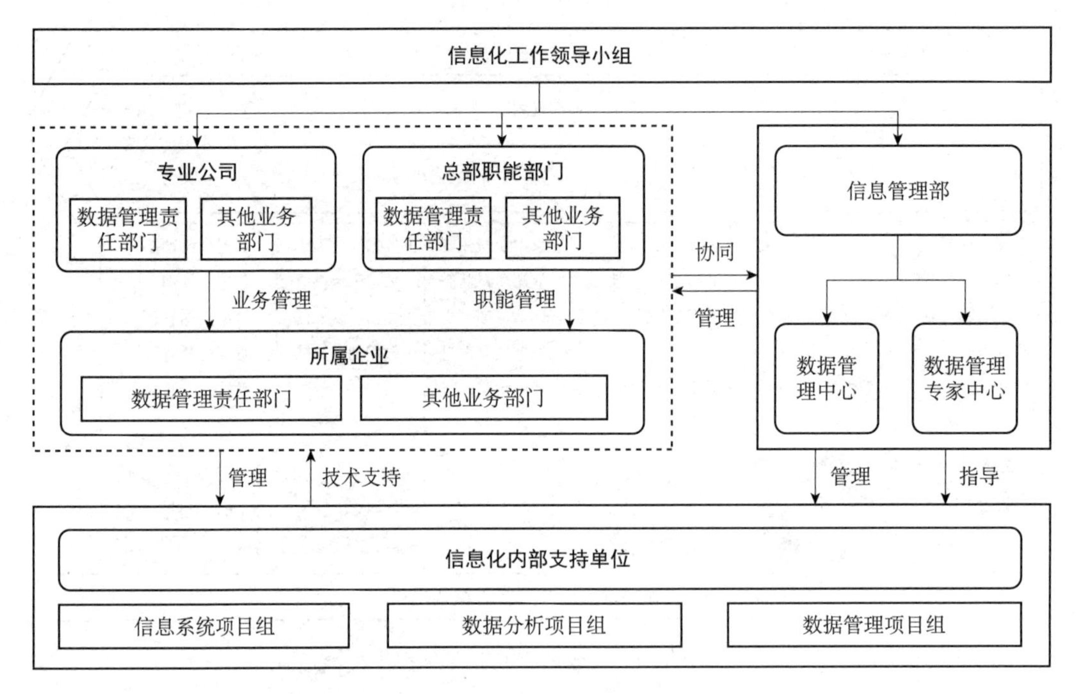

图 3-3　某集团公司大数据治理组织架构图

（1）集团公司信息化领导小组是数据管理工作的领导决策机构，负责制定数据管理政策，审议数据规划方案和工作计划，并决策重大事项。

（2）信息管理部是数据工作的归口管理部门，负责决策的具体落实，进行数据管理相关工作，进行数据生态建设。

（3）数据管理中心是数据管理工作的实施部门，负责数据的具体实施工作，并加挂数据管理专家中心的牌子，由信息管理部统一指导。

（4）总部职能部门按照职能分工负责本业务领域数据建设、数据保护、数据应用与共享工作，是本业务领域数据管理工作的责任主体。

（5）专业公司负责本专业的数据建设、数据保护、数据应用与共享工作，是本专业领域数据管理工作的责任主体。

（6）所属企业是本单位数据的生产者、管理者和使用者。

（7）信息化内部支持单位承担着集团公司信息系统的数据创建、管理与应用等全过程建设与运维工作。

在以上各级组织机构划分的基础上，根据各组织机构的数据管理职责，可以设置七种机构角色（数据所有者、数据管理执行官、数据管家、业务认责方、操作认责方、项目认责方和技术咨询方）。该集团公司数据治理机构角色图如图 3-4 所示。

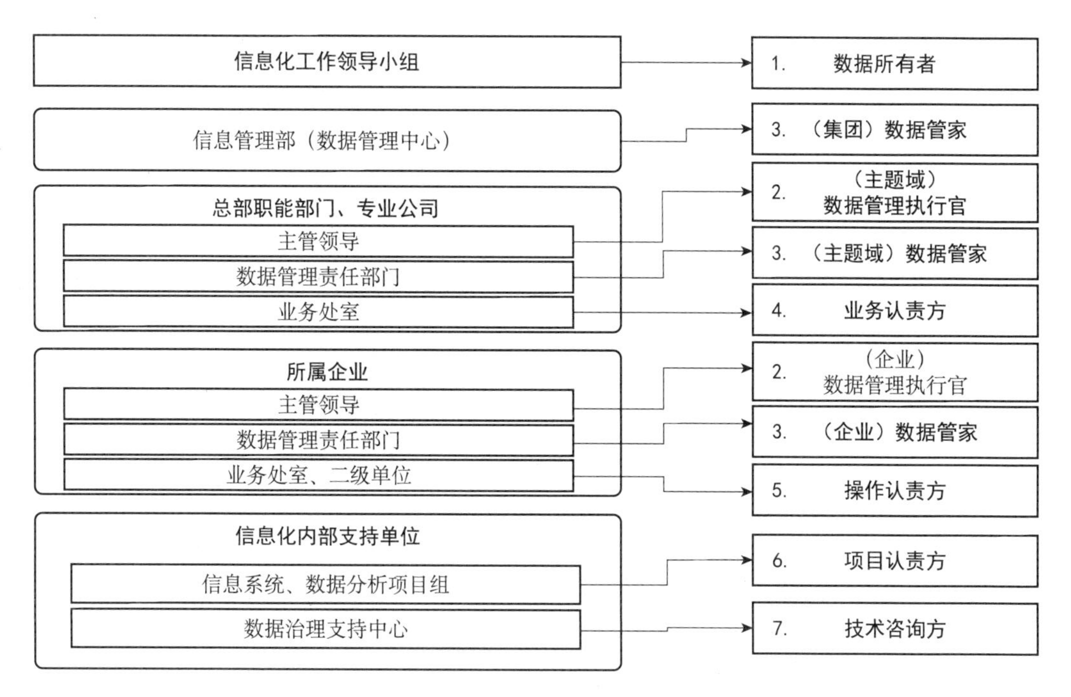

图 3-4　某集团公司数据治理机构角色图

（1）数据所有者审批数据战略规划，协调解决重大事项。

（2）（主题域）数据管理执行官统筹协调、解决本专业数据管理的重大事项，对本专业领域数据治理的最终结果负责。

（3）（企业）数据管理执行官统筹协调、解决本企业数据管理的重大事项，对本企业数据治理的最终结果负责。

（4）（集团）数据管家统筹协调有关各方开展数据管理工作，构建并推动落实数据管理体系。

（5）（主题域）数据管家负责统筹、协调本专业领域的数据管理工作，推动各项工作落实。

（6）（企业）数据管家负责统筹、协调本企业的数据管理工作，推动各项工作落实。

（7）业务认责方为此类数据的业务管理方，对数据的最终结果负责。

（8）操作认责方录入各项数据，解决与其相关的数据问题。

（9）项目认责方推动数据架构、标准和规则等内容的落地执行。

（10）技术咨询方为其他成员提供数据管理的专业咨询和技术支持服务。

为进一步落实数据管理责任，在集团公司应建立并落实数据管理岗位制度，在各类机构下增设数据管理岗位，将机构责任分解到具体的数据管理岗位上，为建立认责机制奠定基础。该集团公司数据治理岗位职责见表 3-1。

表 3-1　某集团公司数据治理岗位职责

组织类型	内设机构	机构角色	建议设置数据管理岗位	岗位职责描述
信息化工作领导小组	无	数据所有者	高级管理岗	各职能部门、专业公司分管领导，对本专业数据管理和数据质量的最终结果负责，定期向领导小组汇报本专业数据管理工作情况
信息管理部	数据管理中心	（集团）数据管家	综合管理岗	负责统筹、协调跨部门、跨专业、跨系统的数据管理工作，推动各项工作落实
总部职能部门专业公司	数据管理责任部门	（主题域）数据管家	综合管理岗	负责统筹、协调本专业的数据管理工作，推动各项工作落实
	业务处室	业务认责方	业务领域主责	本专业相关主题域数据管理主责人员，负责确定认责数据范围、明确数据管理要求、组织开展相关工作
			综合管理岗	本专业相关领域数据管理工作的实际推动者和监督者，协助业务领域主责督促并指导数据管理工作开展

续表

组织类型	内设机构	机构角色	建议设置数据管理岗位	岗位职责描述
总部职能部门专业公司	业务处室	业务认责方	业务操作岗	特定数据责任的承担者，负责按要求履行录入、审核、改进等数据责任及相关问题整改和防控
所属企业	数据管理责任部门	（企业）数据管家	综合管理岗	负责统筹、协调本企业的数据管理工作，推动各项工作落实
	业务处室、二级单位	操作认责方	业务主责	本企业相关主题域数据管理主责人员，负责确定认责数据范围、明确数据管理要求、组织开展相关工作
			综合管理岗	本企业相关领域数据管理工作的实际推动者和监督者，协助业务领域主责督促并指导数据管理工作开展
			业务操作岗	负责统筹、协调本企业的数据管理工作，推动各项工作落实
信息化内部支持队伍	数据分析项目组	项目认责方	项目管理岗、数据专员	负责将数据管理要求具体落实到本项目当中
	信息系统项目组		项目管理岗、数据专员	
数据治理支持中心	数据管理项目组	技术咨询方	技术咨询专员（可细分为数据目录、标准、模型、质量、安全、平台等岗位）	为其他成员提供数据管理专业咨询和技术支持服务

3.3　数据权责

数据权责即是数据认责，该工作是一项长期的、逐步细化的、迭代完善的工作。需要按照业务负责、全员参与，层层管控、认责到岗，问题导向、循序渐进的原则开展工作。以某集团公司为例，集团总部职能部门、专业公司定义、产生、使用本专业数据，拥有本专业数据的管理权，需对本专业数据（质量）负责。信息化内部支持单位从技术视角，负责数据管理活动的具体执行。数据管理和质量提升需要全员参与、全员尽责。

基于集团公司职能管控模式，由总部职能部门、专业公司、所属企业自上而下地实现数据管理责任的多层级管控，逐级细分至所属企业二级单位，并在各级组织设立与人事岗位设置相协调、岗位内容相一致的数据管理专员岗位（可兼职），将机构责任分解到专员岗位。

数据管理工作开展应循序渐进并持续迭代的原则，针对影响本专业核心业务数据的相关问题，优先开展数据认责工作，将责任落实到岗，以推动问题解决。构建清晰的数据认责体系，是各项数据管理工作得以落实的基础。只有将各项数据管理工作分配到具体的组织机构和岗位，才能确保各项数据管理工作责任得到落实。数据认责过程图如图 3-5 所示。

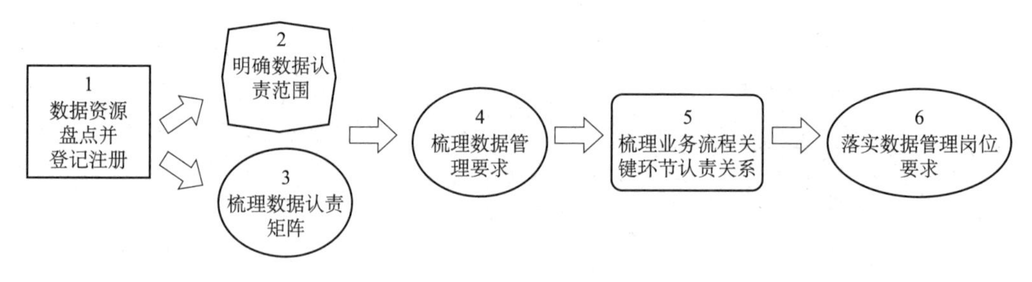

图 3-5　数据认责过程图

首先进行数据资源盘点并登记注册。根据数据主题域归属，数据管理权单位（总部职能部门、专业公司）组织所属企业和内部支持单位开展数据资源盘点工作，梳理本主题域数据资源。资源盘点完成后，内部支持单位发起数据资源登记注册流程，进行电子注册。注册完成后，要明确数据认责范围和梳理完成数据认责矩阵。数据认责范围主要包括重点指标关联数据、问题多发数据和跨部门、跨系统协同数据等。从总部职能部门/专业公司和所属企业两个层面，梳理本专业、本企业、内部支持队伍的相关数据管理岗位与数据认责范围和认责矩阵，认责粒度从二级主题域到实体再到属性，由粗到细，逐步细化。数据认责工作的开展逐步细化，例如，某采购方案，在组织的一级主题域物资供应链、二级主题域采购管理、三级主题域采购方案中，业务实体采购方案的业务认责方为采购管理处，操作认责方为所属物资管理部门，项目认责方为项目的承接部门。在认责矩阵基础之上，总部职能部门、专业公司分别按照从专业层面梳理的相关数据实体和属性的数据管理要求，包括质量要求（业务规则）、数据标准要求（业务定义）、数据共享类型等，形成数据管理要求清单。

然后梳理业务流程关键环节的认责关系。在总部职能部门、专业公司层面梳理出认责数据项所对应的关键业务流程、节点名称、系统名称及其他关联数据项，并组织操作认责方（所属企业二级部门）梳理所属企业的数据管理要求，并明确到具体的二级部门、业务操作岗位，以及明确数据操作权限［CURD，处理数据的基本操作环节，即代表创建（Create）、更新（Update）、读取（Retrieve）和删除（Delete）］。

最后落实数据管理岗位要求。在梳理业务环节认责关系的基础之上，总部职能部门、专业公司、所属企业组织编制相应的岗位责任说明书，明确相关岗位应承担的数据责任，明确岗位认责数据范围，对数据录入及审核给出相应的操作指南。

3.4　大数据治理制度体系

大数据治理制度体系是指从组织架构、管理办法或制度、操作规范或流程、IT应用技术、绩效考核等多个维度对组织的数据资源目录管理、数据标准管理、数据质量管理、数据安全管理、数据架构管理和数据全生命周期管理等各个方面进行全面梳理、建设和改进的体系。有效的管理制度和流程规范是做好大数据治理工作的制度保障。一般情况下组织依据授权决策的次序，结合实际情况，落实各方的数据管理职责，建立层次化的数据管理制度体系框架，一般可分为三层。不同的大数据治理单位可以根据自己的情况，调整层次化的数据管理制度体系框架。某集团公司大数据管理制度体系框架图如图3-6所示。

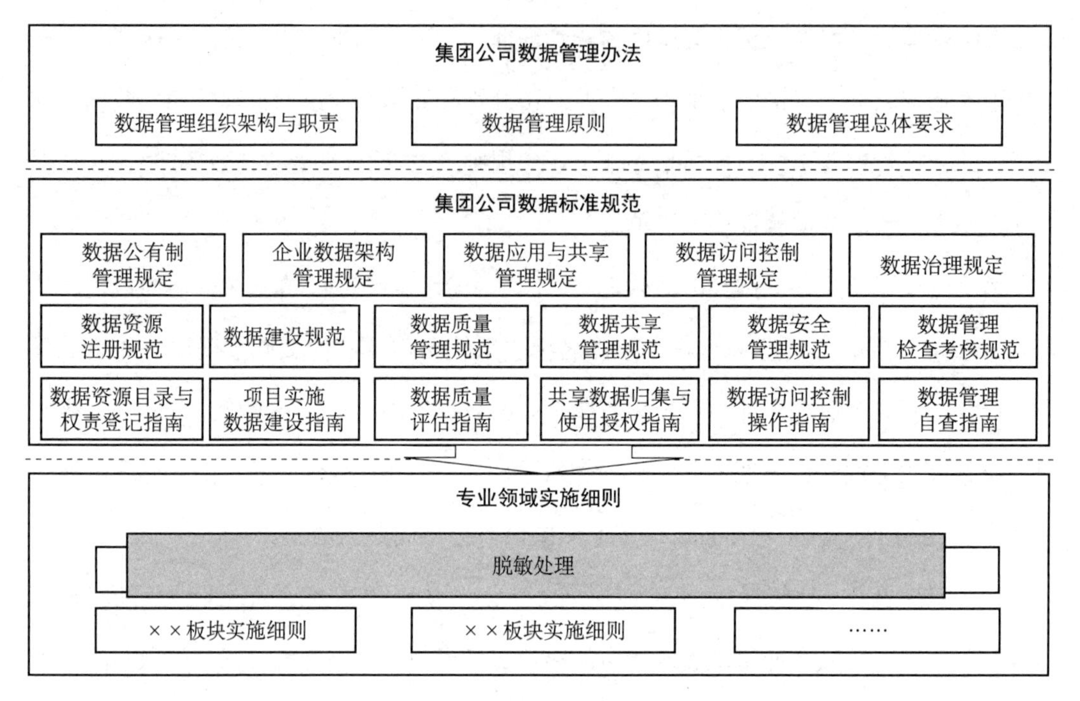

图 3-6　某集团公司大数据管理制度体系框架图

（1）集团公司数据管理办法：明确数据管理组织架构及各方工作职责，明确数据职能领域划分，提出各数据职能领域总体要求。

（2）集团公司数据标准规范：为各数据职能域提供规范要求，并制定指南，指导专业领域开展数据治理工作；为《某集团公司大数据管理办法》的下一步落地执行，制定形成规定、规范和指南的管理规范体系。

（3）专业领域实施细则：在遵从集团公司办法、标准规范的前提下，各专业板块可制定符合本板块的实际情况和专业特色的实施细则、行动指南、操作手册等。

第 4 章　大数据治理现状分析和资源盘点

一个成功实施的大数据治理项目应能够做到以下几点：解决组织内或组织间的数据孤岛问题，满足多样化的数据采集和交换共享的需求，提供易用的数据服务以实现数据汇聚、按需流动与共享；实现组织业务规范与数据服务深度融合，提供数据资源目录、全景化视图、治理评估等指导信息系统设计、建设、运维各阶段工作，提高系统运维效率；通过数据资源的归集、数据整合、数据治理实现数据资产化，通过面向各业务领域的深度融合实现数据增值；通过数据交换与共享提供有价值的数据资产服务；通过数据平台加区块链技术，各环节上链保证数据资产增值过程可回溯且数据安全可信。

大数据治理工作以数据共享开放为驱动力，以服务数据应用、实现数据价值为切入点，实现信息系统应用集成，实现以物联网为基础的信息化与自动化集成，实现以云平台为资源的基础设施集成，实现大数据治理为所有统建信息系统提供服务，进而支撑各系统业务应用的基础性项目，实现数据、资源、服务等方面的充分共享，满足各层级的数据应用需求，为各层级的数据共享和分析提供全面服务。指导开展各业务领域的数据治理活动，助力提升数据质量，提高组织的数据资源共享和应用能力，为数据分析和应用的开展保驾护航，并促进数字化转型。

4.1 大数据治理现状分析

实施大数据治理项目建设需要全面梳理组织信息系统的数据现状，并进行现状分析。厘清大数据治理项目的工作范围是做好大数据治理项目的首要工作，包括项目实施的数据范围、组织用户范围和工作范围。

大数据治理项目的数据范围主要指数据治理的主题域，每个主题域关注不同的数据对象，比如人力数据主题域中包括但不限于组织机构数据、人员数据；物资数据主题域中包括但不限于计划数据、招投标数据、合同数据、采购数据、库存数据、物资主数据、供应商数据；项目数据主题域中包括但不限于工程项目数据、科研项目数据等。一级主题域还可以继续细分为二级主题域、三级主题域等。

大数据治理项目的组织用户范围根据数据主题域涉及的数据主管部门及数据使用部门来决定，包括组织机构的业务管理人员，数据的生产者、使用者和管理者以及内部信息化支持人员。

大数据治理项目的工作范围主要包括咨询工作和技术平台两大部分。咨询工作涵盖开展数据资源目录构建、数据模型构建、数据源梳理确认、数据标准制定、数据质量评估体系构建、数据安全方案实施以及包含组织及职责细化、制度政策编制、管理流程优化的体系规范制定等工作；技术平台的工作内容是在已有公共数据编码成果的基础上扩展实现数据治理平台，包括门户开放、数据服务、数据管控、数据架构管理等。

在组织的大数据治理实施方案的指导下，运用访谈、问卷调查等多种调研手段，按照面向业务和技术分别采用“自上而下”业务调研和“自下而上”信息系统调研相结合的方式，全面了解组织的数据管理现状，并通过使用数据管理能力成熟度评价模型对数据管理水平进行综合评估。评估涉及数据保障机制、数据标准管理、数据质量管理、数据共享与应用管理、数据安全管理、数据架构管理、数据全生命周期管理等方面的现状和问题分析，并提出改进建议和措施，总结经验，明确数据治理的发展阶段和发展方向。现状调研与评估分析图如图 4-1 所示。

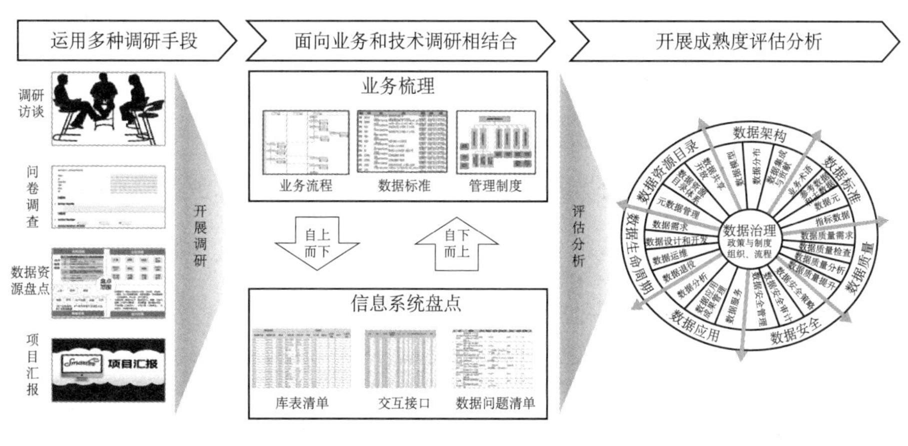

图 4-1　现状调研与评估分析图

比方说，数据架构管理方面的现状和问题：组织的各业务领域基本实现了以本业务领域为核心的应用系统间数据集成，但部分数据仍存在重复录入、数据源头不清等现象；应用系统中数据模型定义不规范（不同表中，相同的英文名称所对应的中文名称不一致；同一表中字段英文命名规则不一致）。针对这些问题的建议：一是梳理核心数据在业务部门、应用系统的分布关系，识别可信数据源；二是在新建系统或已有系统升级改造时，要按照集团的数据元命名和定义规范进行规范定义等。

数据质量管理方面的现状和问题：组织尚未建立“常态化运转的数据质量管理体系”，缺乏有效的体系化方法指导，无法主动发现质量问题，难以杜绝问题重复发生；由于数据权责不清、数据重复录入等问题，数据质量参差不齐，为了支撑数据应用，需要大量的数据清洗工作（组织机构对集团全局数据互联互通、汇集共享造成阻碍）。针对这些问题的建议：一是全面建立数据质量管理体系，实现数据质量需求、检查、分析、提升的数据质量闭环流程；二是以数据仓库进行试点落地，并进一步推动源系统开展源端治理工作，从源头上提升数据质量，做到事前预防、事中控制，同时以数据应用为目标，从数据应用系统端同步开展数据质量的事后检查，实现从源端到应用端的数据质量全面提升；三是按照各业务领域开展数据质量专项治理工作等。

4.2 数据资源盘点

高效的数据资源盘点是做好数据治理工作的前提，数据资源盘点的范围一般包括信息系统范围、业务范围、数据范围和组织范围。信息系统范围是指涉及的信息系统的数量和信息系统的描述；业务范围是指涉及的组织业务明细；数据范围是指涉及的数据主题域；组织范围是指涉及的组织职能部门或业务部门。

数据资源盘点一般包括数据资源库表、数据资源信息项、系统间交互接口表、共享开放和数据安全信息、数据标准信息、数据问题和需求、业务蓝图和内控手册等。数据资源盘点图表如图 4-2 所示。

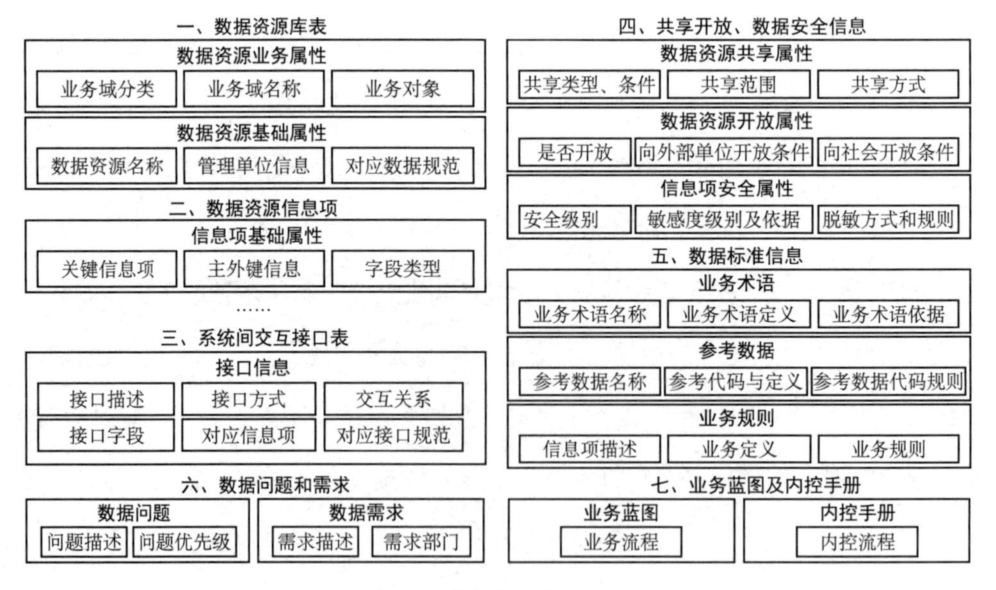

图 4-2 数据资源盘点图表

组织的数据资源盘点是一项长期且持续迭代的工作，在迭代过程中，资源盘点内容会不断深化，盘点范围会不断扩展，直至覆盖组织的全部统建、自建系统中的所有数据资源。数据资源盘点迭代图如图 4-3 所示。

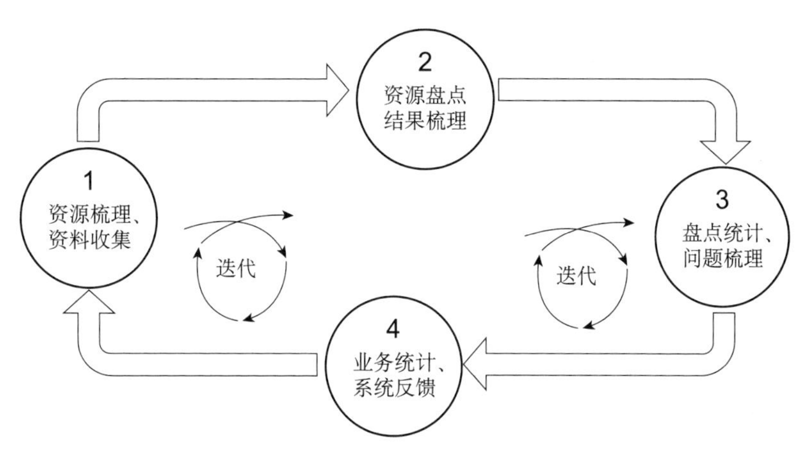

图 4-3　数据资源盘点迭代图

通过对大数据管理的现状（数据质量管理、数据标准管理、数据安全管理、共享开放、数据架构管理、数据全生命周期管理、保障机制）和问题分析提出数据治理和服务的改进建议。

（1）建议全面建立数据管理组织机构，覆盖组织内各部门和信息化内部支持单位等；发布组织数据管理办法，明确数据管理的目的、原则和要求，并形成各职能领域的管理规范及指南；组织建立数据权责体系，并以主题域为依托，以问题多发数据、重点指标相关数据、跨部门跨系统协同数据为重点，开展数据认责工作等。

（2）建议全面建立数据质量管理体系，实现数据质量需求、检查、分析、提升的数据质量闭环流程；以数据仓库进行试点落地，并进一步推动源系统开展源端治理工作，从源头上提升数据质量，做到事前预防、事中控制，同时以数据应用为目标，从数据应用系统端同步开展数据质量的事后检查，实现从源端到应用端的数据质量的全面提升等。

（3）建议建设组织数据标准体系，发布企业级数据标准；针对组织机构等数据应用过程中面临的标准不统一等突出问题，推动统建系统全面落地，保证数据的一致性，为共享应用提供支撑。

（4）建议建立组织数据共享目录，制定数据共享流程，促进数据共享和交换，打破数据孤岛；梳理核心数据在业务部门和应用系统的分布关系，识别可信数据源；建立数据安全保护机制，制定数据访问授权流程，保证数据安全；建立数据全生命周期的管理流程和规范要求，确保在信息化全生命周期过程中，数据能够得到有效管理，并满足多样化的数据应用需求等。

第 5 章　大数据治理专业能力

大数据治理工作是一项重要的项目管理工作，必须使用项目化的管理手段。大数据治理专业能力，主要包括数据资源目录管理、数据标准管理、数据质量管理、数据共享与应用管理、数据安全管理、数据架构管理、数据全生命周期管理共七个部分。

5.1　数据资源目录管理

数据资源目录分类管理是数据架构管理的基础，一般可分为资源层级设置和目录结构维护。数据资源目录是以组织的全局视角对全部的数据资源进行分类，以便对数据资源进行管理、识别、定位、发现和共享的一种分类组织方法，可以查询到集团公司有哪些数据资源。该管理支持后续因业务调整、目录优化而进行单条或整体迁移目录结构的功能，支持管理人员通过流程进行数据资源目录的扩充和变更，支持资源目录快速定位，通过模糊或者条件搜索定位到资源目录节点，支持在资源目录中标记多维标签，并可按照多维标签切换分层展示，按照资源类型进行分类汇总展示，为跨域关联实体提供禁止或开启在目录中展现的功能。一般来说数据资源目录分为业务目录和技术目录。数据资源目录构建图如图 5-1 所示。

构建的组织数据资源目录从业务视角要能看得见、看得懂、管得了和能用好，即资源目录数据可查、可看，资源目录数据可面向日常工作事项，能够履行“三责”（数据标准、数据质量、数据安全），能看懂问题分析、可自主分析等；从IT技术视角来看，可以促进数据共享和交换，帮助数据问题定位解决，协助开展数据分析，推动数据整合，实现数据资源可视化，展现数据资源（实体与属性）在组织的不同视角下（系统维度、主题域维度、业务板块维度）的全景分布视图。

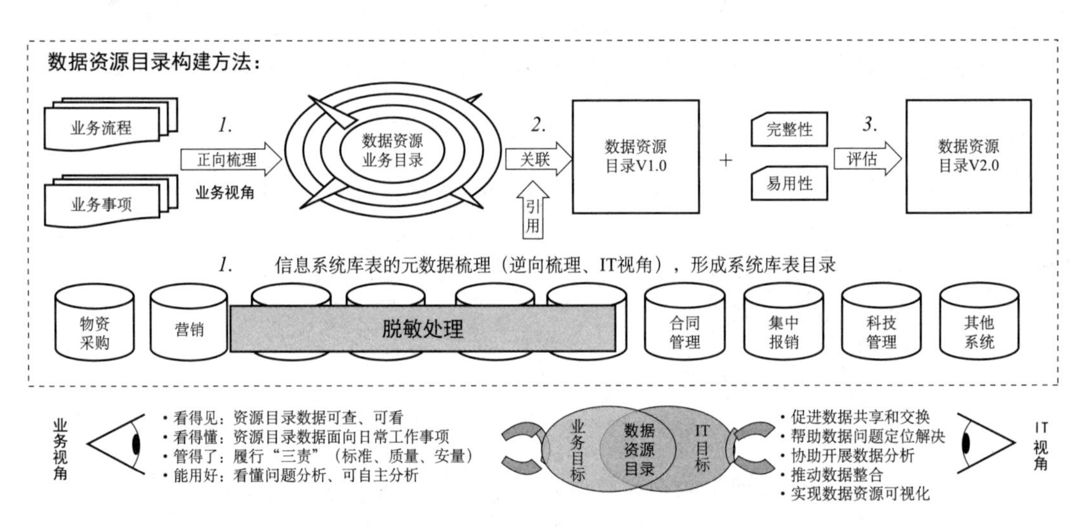

图 5-1　数据资源目录构建图

数据资源目录为组织的全局数据目录提供统一管理，通过建立数据资源多级分类，定义和识别所属领域的数据资源内容信息，实现各业务主题域的资源导图。支持包含但不限于以下功能：

（1）分类层级管理。从组织整体角度划分数据资源，对资产分类建立资源分级，形成一套单位级资源结构树。资源分类管理应包含资源层级设置、资源目录结构维护、目录快速定位、资源目录批量导入导出和目录分发等功能。

（2）标签管理。可以自定义多维度的标签管理，并建立维度标签与资产分类的映射关系，通过查看维度标签的方式展现不同维度下的数据资源内容。

（3）个性主题导航。按照业务要求，以最贴近用户使用习惯的方式进行搜索、展示符合数据访问权限范围的数据资源信息。支持根据用户角色的不同，按图形化、多视角的方式展现主题全貌。提供多维标签内容过滤、目录标题名称与描述的中英文切换。可通过固化用户查询条件等方式形成个性化的主题数据资源目录。资源目录可导航直达数据模型、数据质量、数据标准等各类信息资源，支持钻取查看不同层次的细节信息。

（4）实体匹配识别。将存在于大量业务流程和统建项目系统中零散的、不同层级结构的信息，利用信息集中整理、数据匹配辅助、名称合并等手段，识别出数据实体，并将数据实体与数据资源目录相关联。

根据数据资源目录的构建方法，构建数据主题域，识别数据实体，建立实体与物理表关系、实体流转关系、实体与业务流程关系、实体与岗位关系。例如覆盖组织全业务的主题域可划分为 ×× 个一级主题域、×× 个二级主题域，×× 个三级主题域；按照正向、反向梳理方法，可识别业务对象包含 ×× 个业务实体；在实体识别时，同步开展实体与物理表关系、实体流转关系、实体与业务流程关系、实体与岗位关系的工作。数据资源目录构成关系图如图 5-2 所示。

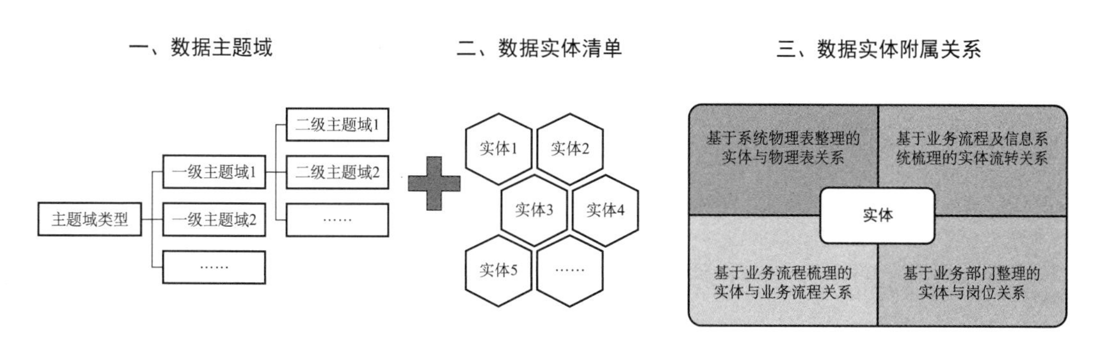

图 5-2　数据资源目录构成关系图

5.2 数据标准管理

数据标准是组织建立的一套符合自身实际的，涵盖定义、操作、应用等多层次数据的标准化体系。数据标准的建立是组织信息化、数据化建设的一项重要工作，数据标准化是数据流通、共享交换、开放的基础。大数据治理对数据标准的需求可以分为两类，即基础性标准和应用性标准。基础性标准主要用于不同的部门之间、系统之间形成信息的一致性理解和统一的落标参照系统，是信息汇集、交换、共享、开放以及应用的基础，包括数据的分类编码、数据字典、数据地图等。应用性标准为大数据治理平台功能发挥所涉及的各个环节提供标准规范，以保证数据的高效汇集和交换，包括元数据标准、数据交换技术规范、数据质量标准等。

数据标准是对信息系统所涉及的各项数据的定义与解释，是数据管理与应用的基础与核心，是数据质量规则的基础。因此数据项应遵循业务属性的统一定义与解释，标准的管理信息要明确数据表示、取值范围、公共代码、数据长度与精度，通过标准化模板对业务规范、技术规范、管理规范的内容建模，使用标准业务数据对属性阈值进行统一且规范的管理，并建立与质量规则、安全规则、数据模型的关系，形成统一标准知识库，从根本上消除一数多义，提升数据的唯一性和一致性。把数据标准的维护管理纳入一个规范的管理流程中，进而保障数据标准的更新、发布、使用和监督。

数据标准管理是指通过使用标准业务术语，以可视化的方式实现对数据标准的统一且规范的管理，针对已建立的各个数据逻辑模型，从属性字段的业务规范、管理规范、技术规范和值域四个方面，为信息系统间的数据共享提供保障，为数据字典服务及数据质量提供基础支持。

为构建组织的统一数据标准体系，需要明确数据标准分类、统一标准定义，并通过标准管理平台进行统一维护、发布和落地。其中数据标准分类按照国标《GB/T 36073—2018》DCMM 模型进行分类，数据标准定义将从业务规范、技术规范、管理规范三个维度进行定义。数据标准定义管理图如图 5-3 所示。

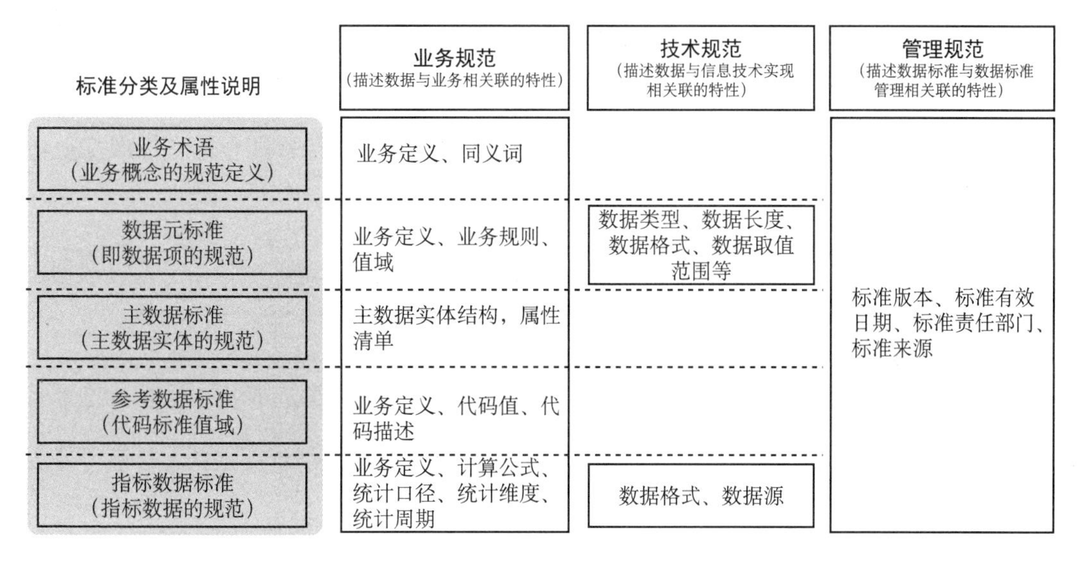

图 5-3　数据标准定义管理图

数据标准管理主要分为标准规范管理和值域管理两大模块，其中标准规范管理模块包括业务规范、技术规范、管理规范的管理，值域管理主要负责对值域进行管理和维护。数据标准管理的数据对象包括业务规范、管理规范、技术规范和字典词根库标准、命名规范、维度值域等，需要统一的数据规则和定义说明；数据标准需涵盖国家标准、行业标准、企业标准及各信息系统存在的事实标准，并借助技术工具和人工甄别将这些标准的内容转化为系统可识别的数据标准化校验规则。

（1）标准模型管理：通过标准模型定义实现各数据属性的标准规范管理，包括各数据属性的业务规范、管理规范以及技术规范等相应内容的维护管理。提供数据标准的引用关系维护和关联显示，实现数据标准与数据模型的关联定义与展示，并支持标准附件文档上传，关联到具体的标准中。

（2）数据属性值域管理：实现各数据属性的值域维护管理，从技术规范中选择值域字段，按模板批量上传的方式建立和维护值域数据信息。可定时从数据源中采集数据实体的值域数据，通过对值域的维护定义属性的值域内容，规范数据的属性值。

（3）版本管理：实现标准规范的版本管理，便于记录标准规范的版本变更历史和变更信息，同时存储不同的标准规范版本。

（4）变更管理：实现标准规范内容的维护流程管理，包括标准查询，标准变更申请、审批、发布等流程。

（5）标准执行：将数据标准落地为指定的数据质量规则，定期对各信息系统数据进行质量稽核，并记录数据标准在各信息系统中的落标情况。

（6）落标（也称贯标）管理：支持字典词根库标准、命名规范标准、数据标准地管理和落地，以及标准落地的总体和详细报告，例如可以按业务系统、主题、标签等维度分类展示。

数据标准化落标是一项复杂的工作，需要平衡阶段性工作的投入与产出，保障效益最大化。其落标原则应遵循业务驱动原则、远景与现状结合原则、循序渐进原则、参照规划原则。对于新建信息系统和已建信息系统应采取不同的执行策略。

1）新建系统应严格遵循已发布的数据标准，采取直接落标的方式进行建设，并将数据标准贯穿于需求分析、系统设计、系统开发、系统测试的整个过程中。记录新建系统采标情况（采标数据名称、采标版本、采标时间），为新建系统提供可信数据集成服务。

2）已建系统落标方式有两种：直接落标和映射落标。直接落标：已建系统在进行系统重大升级时应遵循已发布的数据标准，将数据标准贯穿于需求分析、系统设计、系统开发、系统测试的整个过程中；对于影响范围可控、改造内容较少或新数据不满足业务需求的情况时，可对已建 IT 系统的内部数据结构、前端界面等进行必要的系统升级，以满足标准落地的需要。映射落标：数据在系统间交互时将数据按照标准转换，从而保障数据的准确性与一致性。已建系统的标准落地工作重点考虑采用各业务系统上进行接口映射的方式，间接做到标准落地。

针对未采用标准数据的应用系统，需要完成标准存量数据对照，采用数据标准化方案实现存量数据的标准化。对于增量数据而言，采用数据标准化方案实现增量数据的标准化。

数据标准化方案如下：在源系统中可自行维护需要标准化的数据，通过在源系统中建立要标准化的表字段与标准表字段的对照映射表，对外提供标准数据。新增 / 修改标准数据时，增加与标准表数据的强制映射，并按照标准化要求进行数据有效性校验。数据标准处理过程图如图 5-4 所示。

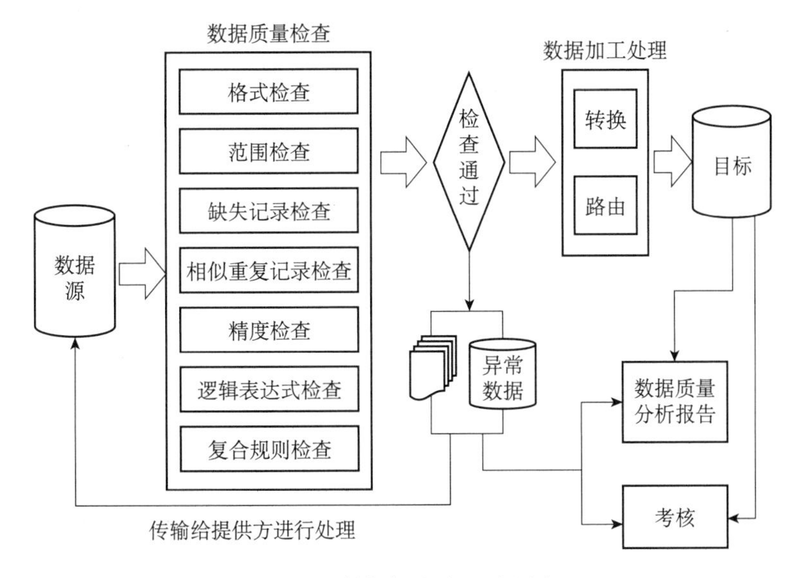

图 5-4　数据标准处理过程图

5.2.1　数据元管理

数据元以业务视角将数据标准按业务主题以树形的方式展现数据标准分类及数据标

准信息项的信息，更便于业务人员浏览和查看数据标准，形成全局范围对数据的统一认识，为数据标准化提供参考依据。

数据元管理需要支持数据元导入、数据元手动维护、数据元落标、数据元生成业务规则（结构检查规则、质量检查规则、取值范围检查规则、脱敏规则等）等功能；支持数据元映射关系维护，可通过可视化配置页面查看数据元、数据实体间映射关系、落标情况等信息。

数据元主要包括业务规范、技术规范、管理规范。

（1）业务规范管理主要是从业务角度出发，对数据属性的业务含义、用途、适用环境及规则等进行描述，形成属性统一的业务视图。该功能主要包括描述业务定义、指定业务环境及规范业务规则。描述业务定义由数据属性的数据所有者提供释义，对该属性的业务含义进行描述，并且指定属性的业务用途，如属性供应商名称在财务系统中的定义为用于描述提供产品和服务的单位或个体工商户的名称，在采购等业务中被使用。指定业务环境是指定数据属性所适用的业务使用场景，进一步明确该数据属性的应用环境，如属性供应商名称的业务环境为采购业务、合同管理等。规范业务规则由数据属性的数据所有者提供该属性的业务规则描述，用于规范数据属性在业务使用中的业务规则，如供应商名称的标准规范要求为供应商名称唯一等。

（2）技术规范管理主要从技术角度对字段属性进行统一要求与定义。技术规范主要用于描述字段属性技术上的要求，内容包括数据类别、数据类型、数据格式、数据长度及默认值。其功能主要是对技术规范所包含的内容进行定义，从而在技术层面对属性进行规范和维护。

（3）管理规范管理主要是从管理角度出发，描述了数据属性在管理层面的要求及约束，形成数据所有者对属性本身的管理规范。管理内容主要包括识别所有者、制定分类规则和标准引用。识别所有者指以数据属性的实际管理要求为依据，识别出属性的数据所有者，如属性供应商名称的数据所有者为物资装备部。制定分类规则指依据数据所有者对该属性提出的管理要求，来制定该属性的分类规则，如供应商根据管理要求可分为内部供应商、外部供应商等。标准引用是根据属性的实际情况和现状，引用国家或国际上的相关标准对其进行规范定义，如供应商名称需引用标准。管理属性则包括管理机构、版本等。

5.2.2　参考数据管理

参考数据管理，主要用于对各数据的值域和取值范围进行可视化管理和可视化维护。参考数据主要描述了属性值的合法内容，通过对值域的管理规定数据的取值范围和允许值的集合。其中值域内容包括值域编码和值域描述，值域管理主要用于对值域内容进行管理，从而保证值域的准确性和唯一性。值域数据支持从数据库、Excel 中导入，支持定时从数据源中采集数据实体的值域数据；支持将数据目录中的数据实体属性信息与值域信息进行关联，通过对值域的维护定义属性的值域内容，规范数据实体的属性值。提供参考数据版本管理，参考数据每次发生变更时，系统会自动记录对应的变更历史记录及本次变更的相关信息，包括版本号、本次变更操作人、变更时间等，系统支持存储不同版本的数据标准，以便于查看和审计标准的变更过程。

5.3　数据质量管理

数据质量管理指通过管理数据质量评估规则，构建数据质量评估模型，利用数据质量引擎，建立质量规则库，提供数据标准化清洗和质量稽核服务，实现数据的标准化、规范化应用，逐步实现对信息系统数据质量的监督和管控。数据质量管理主要由规则库管理、数据质量稽核、检查结果处理、数据质量监控等部分组成。数据质量管理内控图如图 5-5 所示。

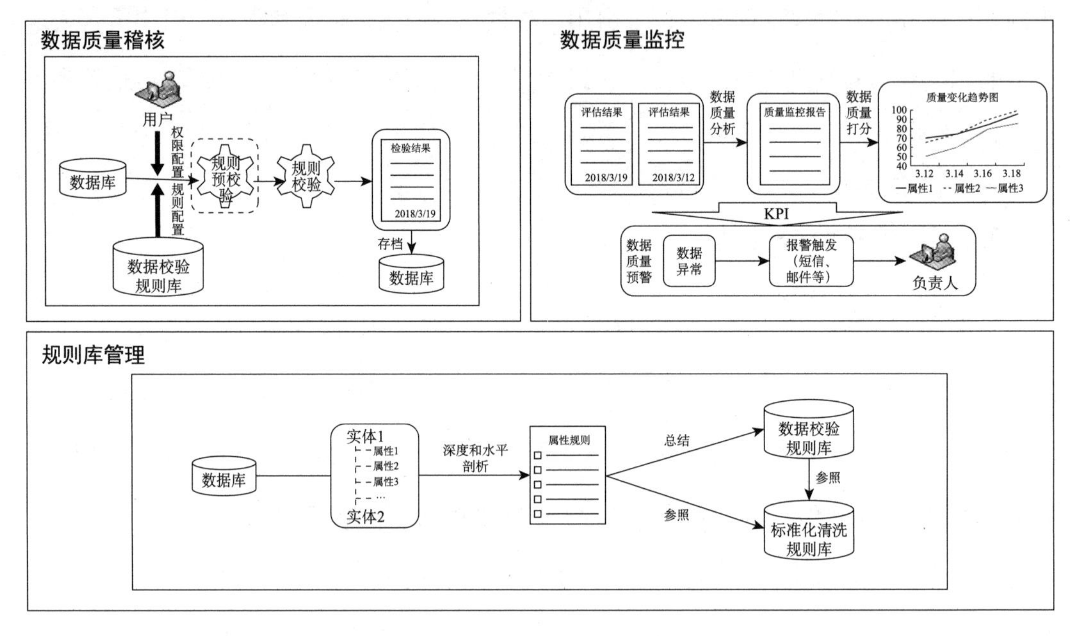

图 5-5 数据质量管理内控图

规则库管理是指用户可以线上维护或者线下批量管理维护规则库的内容。规则库包括数据校验规则库和标准化清洗规则库。规则库管理包括归纳属性规则、定义数据校验规则和定义数据标准化清洗规则三个方面。

（1）归纳属性规则，支持通过 B/S 架构对现有历史数据进行深度和水平剖析，从现有数据中发现属性取值的规律，总结出数据的属性规则。

（2）定义数据校验规则，对所管理数据的每个属性字段的取值规律进行分析，获取属性字段的取值范围、取值列表及正则表达式等规则，总结形成数据校验规则库，供数据质量检查时使用。

（3）定义数据标准化清洗规则，参照数据属性剖析结果和数据校验规则，创建数据标准化清洗规则库。支持以图形界面配置的形式，对标准规范进行定义形成数据标准化清洗规则库，以供标准化清洗时使用。标准化清洗规则包括全角半角转换、去掉无效空格、信息纠正和合并功能等。

数据质量稽核是指按照规则库对数据进行复杂的校验规则检查，支持校验规则配置和重复使用；支持大数据质量稽核，同时具有良好的性能；对于校验规则支持按照类别或组名进行分组管理，并针对用户特性进行权限控制，让特定用户只能使用某一组别的校验规则对数据进行规则校验，校验规则支持逻辑表达式检查，并可提供相似重复记录检查、复合检查、可视化定义界面、数据质量检查方法接口、相似度检查方法等；支持按预定义校验规则对单条数据和批量数据进行预校验；校验指标包含数据合法性、完整性、一致性、重复性、关联性、标准性和值域划分等方面内容；支持对现有数据进行自身规则校验，并返回校验结果为数据清理提供必要依据；支持SOA模式，提供同步和异步接口，对外进行系统集成；支持预定义数据评分指标，按数据质量分析结果进行打分的功能。

数据质量管理可实现数据全生命周期的质量管理，并实现数据质量检查，发现问题数据后，将问题数据根据拥有者体系指派给相关人员进行修正，并能根据需要形成数据质量评估报告和问题处理报告等。数据质量检查主要包括：数据质量初步分析、数据质量精度检查、比对和验证检查、检查结果处理。一般情况下，数据质量检查采用数据流检查技术，数据质量检查及计算在引擎中运行而不是依赖数据库的SQL语句，以减轻对信息系统数据库影响，可实现数据库表、文件、XML、JSON、NoSQL、API等的数据质量检查等处理。不仅具备库表的初步探测检查、数据加工过程中的数据质量检查功能，还要具备事后的基于精细化的数据质量检查，并能对问题数据进行筛选、排查、问题跟踪，提供数据质量报告和问题数据分析，进行异常数据处理、数据比对验证检查等功能。

（1）数据质量初步分析，可针对给定库表做数据质量的初步了解，包括全库初步探测、数据库表基本信息分析、表基本信息分析的统计信息等。全库初步探测，即对库中所有表做初步探测以获得库基本信息，基本信息包括表名、主键字段数、外键字段数、字段数、必填字段数、记录数、空值率、空值比等。并以表的方式提供。通过数据库表基本信息分析，可以查看表数据、元数据、统计信息、键关系、填充信息。表基本信息分析的统计信息包括字段名称、记录数、独特值数、模式值数、空值数、缺省值数等。还可提供列基本信息分析，包括字段值统计、字段值分布、字段值模式、字段值分析等。

（2）数据质量精度检查，可针对给定表做精细化的数据质量分析。数据质量检查服务对数据库表做指定规则检查，提供逻辑表达式检查、相似重复记录检查、复合检查、可视化定义界面、数据质量检查方法接口、相似度检查方法接口，可方便地增加数据质量检查方法。对数据库表做指定规则检查，包括格式检查、范围检查、缺失记录检查、精度检查、逻辑表达式检查、相似重复记录检查、复合规则检查等。数据质量检查服务可以配置出单字段多规则检查，也可以配置出多字段同规则检查，还可以配置出多字段之间的关联检查。

1）格式检查规则包括时间格式检查、数字检查、身份证检查、正则表达式检查等，并分别根据不同规则特点提供不同的录入界面。

2）范围检查规则，包括不在表中检查、不在自定义范围中检查等，并提供可视化定义界面。逻辑表达式检查包括逻辑检查、字符串逻辑检查。

3）逻辑检查设定一个或者多个字段之间的逻辑判断规则，包括等于、不等于、小于、小于等于、大于、大于等于、大于且小于、大于等于且小于、大于且小于等于、大于等于且小于等于、为真、为假等，逻辑检查的比较值可以来源于检查表的不同字段；字符串逻辑检查包括在等于、列表中、包含、开始为、结束为、字符串长度比较等。

4）相似重复记录检查，包括完全重复记录检查、相似记录检查；完全重复记录检查可以根据一个字段或者多个字段的比对，得到重复记录，也能可视化配置；相似记录检查是指先检查一个或者多个字段的相似度，然后得到记录相似度，根据记录相似度的值得到相似记录，可选择多种字段相似算法和定义记录相似算法及属性。

5）复合规则检查是指多种数据质量检查规则的各种组合。数据质量检查规则是开放的，提供数据质量检查方法接口和相似度检查方法接口，可方便地采用 Java 扩展增加数据质量检查。

（3）比对和验证功能可对数据目标和数据源做一致性检查，并发现其差异，主要包括数据库表的比对和数据文件的比对。对源库表和目标库表做一致性比对检查，包括表结构比对、数据一致性比对，能发现并展示不一样的结构和不一致的数据（包括增加、修改、减少的数据）；对源文件夹和目标文件夹下的文件做比对和验证检查，能发现并展示不一致的文件（包括增加、修改的文件），并对位于不同网段的数据源和数据目标进行一致性检查。

（4）数据质量检查服务应生成检查结果，并将数据质量检查结果存储到指定数据库中，每个数据质量检查服务的存储表结构可根据选择的检查字段和定义的检查规则自动生成。检查出的问题数据可以分派给相对应的拥有者业务用户进行问题数据查询、修改等操作。拥有者业务用户可进行问题数据修改、发送修改后的数据到源方、删除问题数据等操作。问题数据统计功能可针对每个数据质量检查服务提供数据质量检查结果报告，包括异常数据和异常数据检查的规则描述，并能做问题数据统计、修改情况统计、检查规则统计，然后形成修改情况统计报告、问题占比统计报告、检查规则统计报告等。

数据质量检查报告，包括根据检查方法分类作的统计报告、根据检查方法类别作的统计报告、根据用户自定义指标作的统计报告、根据问题数据修改情况作的统计报告等。可扩展评估项统计出每项的数据质量情况，可多角度生成数据质量评估报告。通过数据标准化清洗规则和数据质量报告的结合，组织可进一步完善数据校验规则，形成一个环形地封闭质量管理功能。

数据质量管理体系由数据质量评估体系、组织架构与角色划分、数据质量技术支撑、数据质量闭环管理活动、管理制度与管理流程五部分组成。数据质量管理体系构成图如图 5-6 所示。

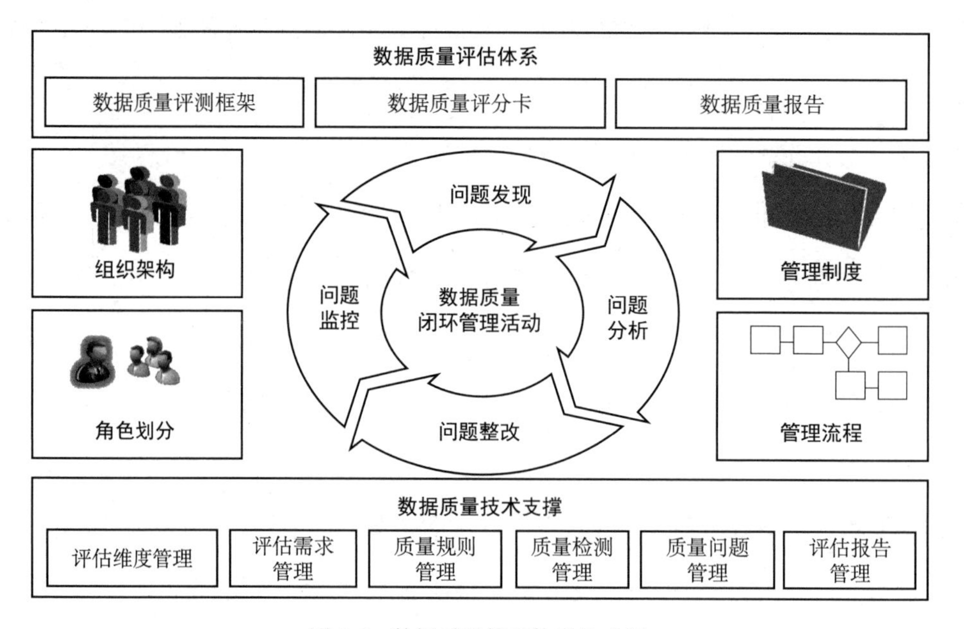

图 5-6　数据质量管理体系构成图

数据认责能确保数据质量问题找到具体的责任人，让数据质量问题得到彻底解决、避免问题重复发生。数据标准可提供数据质量的标准，提高数据可用性和一致性。而元数据定义了数据的约束条件，通过血缘分析、影响分析来定位问题来源，并分析问题的影响。

一般来说，数据质量管理要保证数据的正确性、唯一性、一致性、有效性和可靠性。正确性指数据在表中的表示值准确，如记账表的单笔汇总金额必须等于单笔中各项金额的和，精度需大于或等于其他单项的金额精度。唯一性指数据在表中的唯一，如客户表的身份证号唯一。一致性指数据在表中的结构和值的形态保持一致，如日期、时间类型数据的内容必须符合日期类型的格式规范。有效性指数据在表中的有效性，如客户表的身份证号长度必须在 15 位到 18 位之间。可靠性指数据的数据源能够可靠稳定地提供数据。数据质量管理流程图如图 5-7 所示。

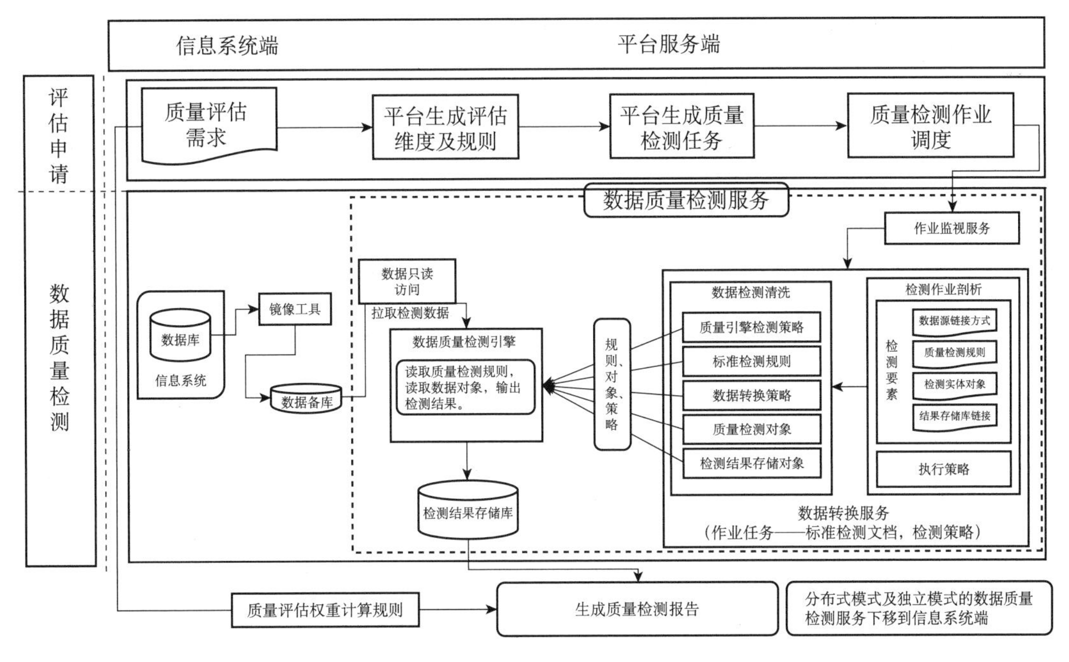

图 5-7 数据质量管理流程图

通过对数据质量评估的规则管理，开展数据质量稽核，对数据质量问题进行管理和监控，实现对各业务和系统数据质量的管控。规则库管理应实现数据质量规则管理、质量评估模型管理和质量管控等级的内容管理，形成数据标准化清洗规则和数据校验规则，规则库由指定的业务人员根据数据标准进行统一管理与维护，为后续数据质量验证和清洗提供依据。规则操作要求规则库可提供按分类 / 分组管理，并抽象且易于识别的规则模板，可对单表、多表、单行或多行数据质量检查规则进行配置，可针对数据完整性、数据一致性、数据关联性、数据实效性、数据准确性、业务平衡性等规范性规则进行设置，可支持数据完整率、数据空值率、数据重复率等数据异常波动率规则设置，支持将数据标准、数据模型转换为数据校验规则，通过人工修正后形成数据质量校验规则库。数据质量稽核，基于规则库生成质量评估模型实例，调用数据质量评估引擎服务进行数据质量评估，对数据进行标准化清洗和数据质量检查，产生数据质量测量结果并根据考评指标进行打分。

实现数据质量监控，跟踪质量评估测量结果，发现质量变化趋势，及时对质量异常问题进行预警。对不同数据对象的增量数据或指定范围的数据进行自动数据质量分析，并形成数据质量关键指标数据和监控报告；根据预定义的阈值建立预警功能，一旦检测到数据质量异常情况，立刻触发报警，自动通知相关负责人，并实时监控后续情况；提供基于各质量检查维度的数据质量变化趋势图、计分卡和数据质量评测仪表盘。数据质量管理全流程图如图 5-8 所示。

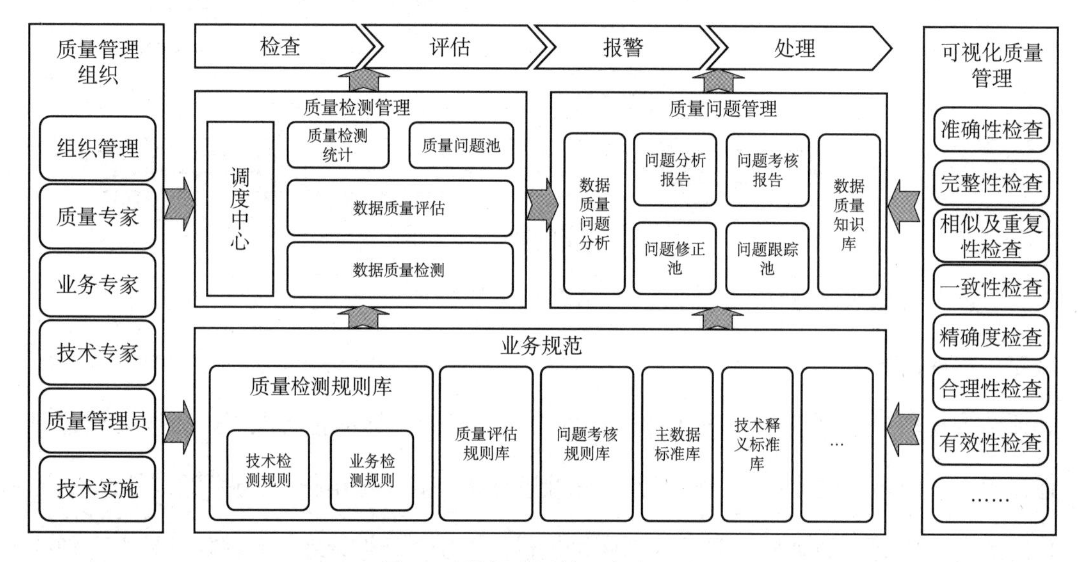

图 5-8　数据质量管理全流程图

5.4　数据共享与应用管理

基于安全可管理的数据服务总线对外提供数据共享开发功能，提供业务服务注册、发布、订阅、管理等功能。通过服务的安全授权功能，实现服务的授权、身份鉴定、访问控制等功能。支持以 Web Service、RESTful 等方式将审核通过的共享服务对外提供。

满足各信息系统数据互通、业务交互、业务协同等需求。

服务提供方需要做服务资源的编目，并注册到目录中心；中心需要做服务资源的审核、维护，并将共享的服务发布出去；服务使用方查询到服务后，向中心申请使用该服务；中心审核通过后给申请用户授权使用该服务；服务使用方通过安全可管理的服务总线调用该服务，实现提供方和使用方的数据交换和共享。数据交换共享流程图如图 5-9 所示。

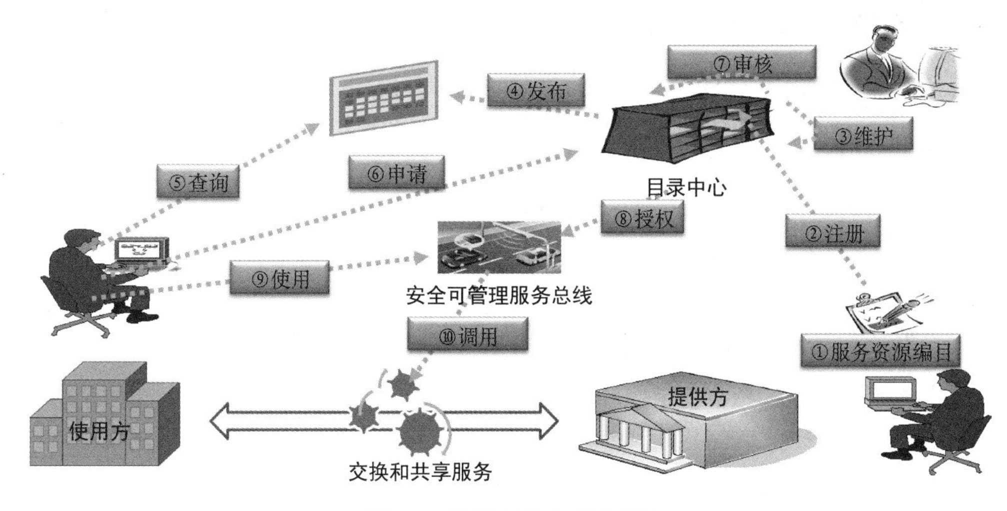

图 5-9　数据交换共享流程图

数据共享类型可分为无条件共享数据、授权共享数据和非共享数据。无条件共享数据指面向组织内部所有单位和用户，无须申请授权，即可开放共享的数据，主要包括经组织单位批准同意开放的数据、公共数据等。授权共享数据指面向组织内部特定单位和用户，需登记注册申请，并获得相应业务部门批准后，方可使用的数据。非共享数据指仅限特定用户使用的数据，主要包括依法确定为国家秘密的数据、商业秘密数据、经组织批准同意不予共享的数据、网络安全核心数据、因协议或者知识产权限制而无法开放的数据等。

数据共享与应用管理要保证数据资源的安全管理及共享，数据共享通过数据服务的方式对外提供，通过数据服务屏蔽数据源，数据访问者不知道数据的存储位置、数据的物理结构等敏感信息。通过定义数据服务共享的数据字段、数据内容、转换策略、数据加密、数据查询条件等，进而保证了数据的安全，使用者在调用数据服务时，只有通过身份鉴定的用户才能使用授权的数据。其中涉及的流程主要包括数据授权、数据脱敏、数据访问安全、数据服务的发布 / 申请 / 审核管理、数据服务的接入控制等。

（1）数据授权指给不同的用户提供数据结构、数据库数据、文件等数据的安全授权，包括对数据结构模型的访问授权、数据库表和字段的访问授权、数据文件的访问授权等。可以分别对要授权的对象设置允许访问、不允许访问等权限。

（2）数据脱敏指对来源于文件、数据库表等数据中的敏感内容设置数据脱敏处理。可以对不同的字段内容设置不同的数据脱敏规则，包括数据加密、数据模糊化处理等。

（3）数据服务的发布 / 申请 / 审核管理指将数据服务以目录的方式对外发布，数据使用者可以查询到相应的数据服务，申请使用，经过审核后，数据使用者才能使用数据提供者提供的数据服务。

（4）数据服务的接入控制指数据使用者通过数据提供者提供的用户名、密码、安全授权等信息访问数据提供者提供的数据服务，数据提供者将对数据访问者实施身份鉴定和访问控制等安全策略。

数据授权管理是为解决各类用户想使用资源目录中的各种数据时，不知与谁联系，走什么样的流程，通过什么手段获取的问题。通过明确各数据的访问控制流程，进一步促进信息系统现有数据资源的充分共享。

（1）用户利用查询功能确定想要申请的数据模型、数据标准、数据源等信息的具体内容，确定所需的数据对象和相关属性，根据配置好的安全标签进行申请表单填写，勾选所需的属性编辑申请表单。

（2）用户利用流程管理功能发起对应的数据授权流程，表单提交后经过专业人员进行审批，所有审批节点都通过后，进行数据的授权处理，专业人员遵循数据安全策略管理中的规则进行数据脱敏处理，审核并通过后结束流程并发送邮件通知用户。

（3）数据授权流程完成后，用户可以通过对应服务进行查询，数据服务功能会将对应的反馈信息推送至目标系统。

数据安全策略管理通过数据基础平台的查询功能实现了数据表单内容的编辑，然后通过流程管理功能实现授权管理流程的审批工作，从而实现了整个安全授权管理。某集团公司数据共享授权与开放流程图如图 5-10 所示。

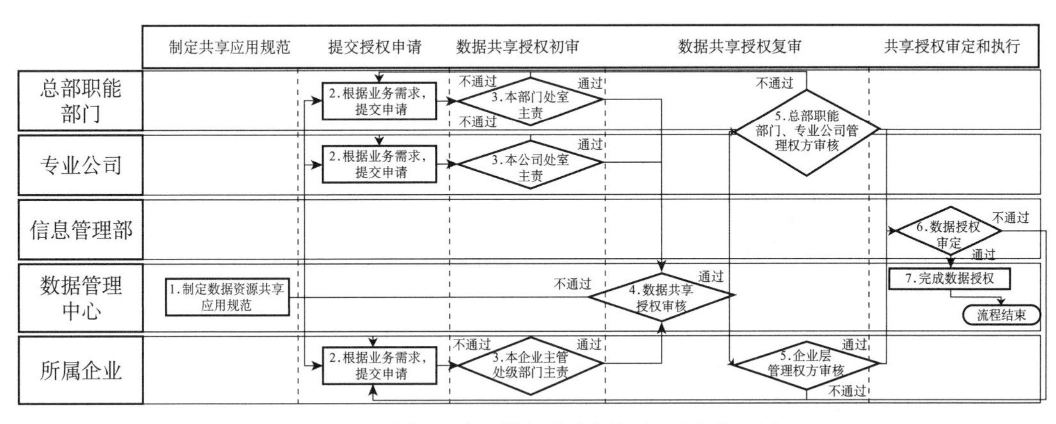

图 5-10　某集团公司数据共享授权与开放流程图

5.5　数据安全管理

数据安全是信息化安全的重要组成部分，同时也是数据治理过程中的核心内容，是数据治理为各信息系统对外数据共享时的数据安全控制规则。数据安全管理指通过计划、制定、执行相关安全策略和规程，确保数据和信息资产在使用过程中有恰当的认证、授权、访问和审计等措施。有效的数据安全策略和规程要确保合适的人以正确的方式使用和更新数据，并限制所有不适当的访问和更新数据行为。数据安全管理包括安全授权管理流程和安全策略管理两部分。

安全授权管理流程确保各类用户想使用资源目录中的各种数据时，应先通过对应的审批流程；安全策略管理是指数据在系统交互时的控制措施管理，为了保证数据共享与安全的平衡性。数据安全管理图如图 5-11 所示。

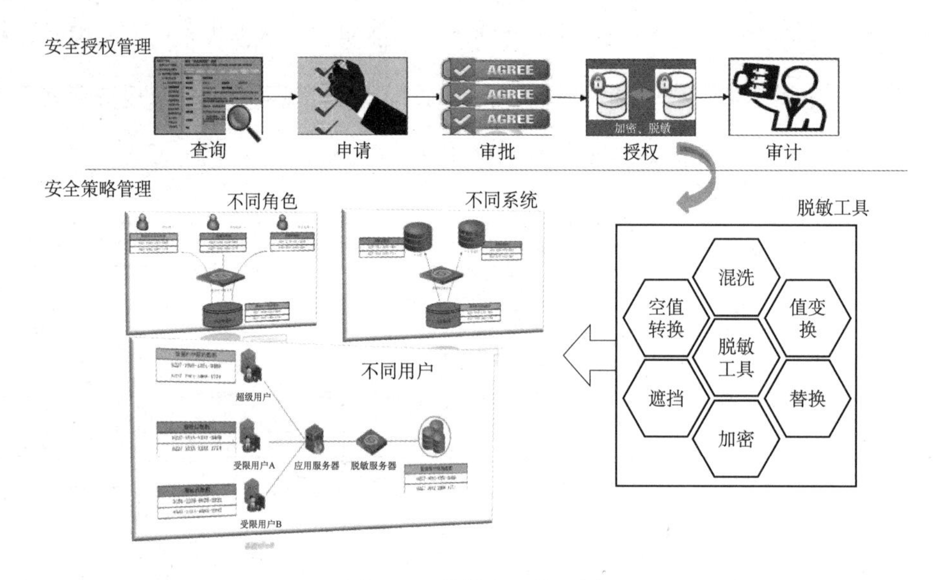

图 5-11　数据安全管理图

数据安全管理主要解决数据在保存、使用和共享交换中的安全问题。数据安全管理主要体现在以下几个方面：一是数据使用的安全性，包括数据的保存、访问和权限管理；二是数据隐私问题，系统中采集的证件号码、银行账号等信息在下游分析的内部管理系统中，是否要进行加密、脱敏以避免数据被非法访问；三是访问权限的统一管理，包括单点登陆及用户名、数据和应用的访问授权统一管理；四是数据安全审计，为数据生产、修改、使用、销毁等环节设置审计方法，并在事后进行审计和责任追究；五是建立数据安全管理制度和流程。逐步建立数据安全管理办法、系统开发规范、数据隐私管理办法及相应的应用系统规范在管理决策和分析类系统中的审计管理办法等。

数据安全管理策略包括数据安全分类分级和数据安全定级。数据安全管理架构图如图 5-12 所示。

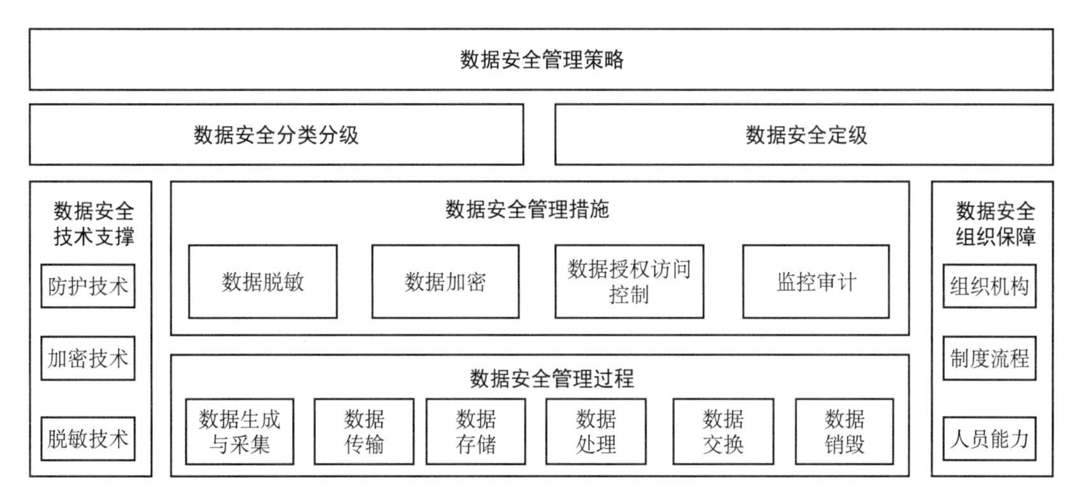

图 5-12　数据安全管理架构图

从信息保密角度定义数据安全分类分级，遵循国家保密标准（国家保密标准 BMB17-2006《涉及国家秘密的信息系统分级保护技术要求》）、商业秘密保护目录和信息公开目录要求，定义组织数据资源的安全级别属性，为“数据共享类型”和“数据保护等级”提供定级的依据。数据安全等级定义见表 5-1。

表 5-1　数据安全等级定义

安全级别	安全级别名称	数据安全级别定义
五级	国家秘密	是指关系国家安全和利益，依照法定程序确定，在一定时间内只限一定范围的人员知悉的事项
四级	核心商密	是指具有较高保密要求，需要进行严格保护的，不能为公众所知悉，能为公司带来经济利益、具有实用性并经公司采取保密措施的经营信息和技术信息
三级	普通商密	是指不能为公众所知悉，具有较高保密要求，需要进行重点保护的，对公司生产经营和企业管理具有较高价值，只适合在公司特定部门或一定范围内公开的数据信息
二级	一般信息	是指不能为公众所知悉，具有一般保密要求，需要进行适当保护的，可在内部全体人员范围内公开的数据信息
一级	公开信息	是指可以对外发布的数据或信息，外部单位或人员可以公开访问或申请获得

从数据敏感性角度定义数据安全分类分级，严格落实《网络安全法》和客户敏感信息的要求，保护客户数据资产安全，保障客户合法权益，因此需要制定规范来指导各部门开展客户敏感数据脱敏工作。通过制定初步的脱敏规则库，可以规范后续的脱敏工作。数据脱敏示意见表 5-2。

表 5-2　数据脱敏示意

规则编号	敏感类型	脱敏数据项名称	脱敏方式	脱敏规则
0010001	001 键类	0001 主外键编号（数字类）	加密	加密后，需保证唯一性，以保证主键有效和主外键引用关系可正常使用。数字类的，加密后仍需保持数字格式，格式与原格式要求相符。如：0265471245->1240985323
0010002	001 键类	0002 主外键编号（数字 + 字母 + 字符 / 纯字母类）	加密	加密后，需保证唯一性，以保证主键有效和主外键引用关系可正常使用。数字 + 字母 + 字符的组合，或是纯字母的主键类，加密后的格式需与原格式要求相符。加密方法可以使用 16 位的 MD5 加密，以确保加密后的数据位数可控且便于存储。如：HTBH20190105106->312RW98031S311
0020001	002 称类	0001 企业类户名	掩码屏蔽 / 遮挡	3 个字以内隐藏第 1 个字，4-6 个字隐藏前 2 个字，大于 6 个字隐藏第 3-6 个字，隐藏字用 * 代替；对于姓名用“.”分为多个部分的情况，每部分均采用上述规则进行脱敏。如：张三 ->* 三；欧阳正华 ->** 正华；阿布都沙拉木图 -> 阿布 **** 图
0020002	002 称类	0002 企业类户名	掩码屏蔽 / 遮挡	按长度分阶梯保留：长度 4 个字及以下的，首尾各保留 1 个字；长度 5-6 个字的，首尾各保留 2 个字；长度 7 个字及以上奇数的，隐去中间 3 个字；长度 8 个字及以上偶数的，隐去中间 4 个字；隐藏字用 * 代替。如：山西临汾酒厂 -> 山西 ** 酒厂；青岛金星化工厂 -> 青岛 *** 工厂

续表

规则编号	敏感类型	脱敏数据项名称	脱敏方式	脱敏规则
0020003	002 称类	0003 账户名称	掩码屏蔽 / 遮挡	屏蔽，首尾各保留一个字符，中间字符用 2 个 * 进行替换。如：cnpcrf001->c**1；cnpcwzcg832->c**2
0020004	002 称类	0004 其他类名称	掩码屏蔽 / 遮挡	按长度分阶梯保留：长度 4 个字及以下的，首尾各保留 1 个字；长度 5-6 个字的，首尾各保留 2 个字；长度 7 个字及以上奇数的，隐去中间 3 个字；长度 8 个字及以上偶数的，隐去中间 4 个字；隐藏字用 * 代替。如：西临汾酒厂 -> 山西 ** 酒厂；青岛金星化工厂 -> 青岛 *** 工厂
0030001	003 件类	0001 居民身份证号	掩码屏蔽 / 遮挡	针对明确非主外键类型的字段，脱敏方式可保留前 6 位和最后 4 位，其余用 * 代替。如：330101197701014237->330101********4237
0030002	003 件类	0002 军人证号	掩码屏蔽 / 遮挡	针对明确非主外键类型的字段，保留最后 3 位，其余用 * 代替。如：空字第 12345678-> 空字第 *****678

为防止信息泄露，敏感信息默认须全部脱敏，但考虑到实际工作中特定场景的特定岗位需要获取部分完整信息才能开展业务，因此将建立白名单机制，按照业务开展的必要性实行差异化脱敏。其步骤如下：

（1）确定数据脱敏范围，明确脱敏对象，确定脱敏场景。数据脱敏过程图如图 5-13 所示。

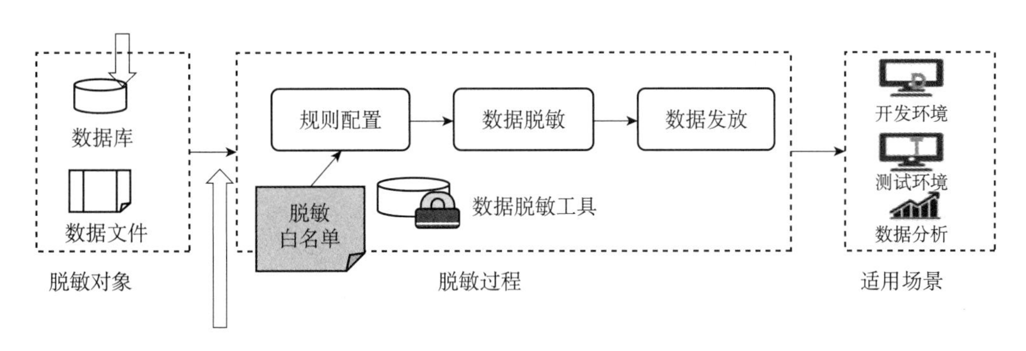

图 5-13　数据脱敏过程图

（2）对敏感对象进行分类，根据对象分类，选择平台支持且合适的脱敏方式，并制定相应脱敏规则。敏感对象分类见表 5-3，数据脱敏规则见表 5-4。

表 5-3　敏感对象分类

名称	分类	数据项
敏感信息相关数据	名称类	客户编号、居民类户名、企业类户名、账户名称
	证件类	居民身份证号、驾驶证号、军人证号、护照号、台胞证号
	联系类	地址、手机号、固话、电子邮箱、微信 /QQ 账号
	业务类	操作时间、金额
	资产类	物料 / 合同编号、车牌号、车架号
	金融类	银行卡号、增值税税号、增值税账号

表 5-4　数据脱敏规则

脱敏方式	脱敏方式内容
信息替换	用伪装数据完全替换源数据中的敏感数据
重排 / 乱序	对数值和日期型的数据源利用随机函数进行调整，可保持原有数据的统计特征
混洗	随机轮换多条记录同一属性字段的内容或值
偏移和取整	通过随机移位和取整规则，改变数字数据格式
掩码屏蔽 / 遮挡	对敏感数据的部分内容用掩饰符号 (如 X、* 等) 进行统一替换
加密	对需要脱敏的数据进行加密处理

（3）使用脱敏规则，选择适用的脱敏场景，以完成脱敏工作。

脱敏规则管理是依据不同种类数据实体（属性）的相关业务特征和管控要求，对数据在生产、传输、存储和应用过程中采取的安全措施。脱敏规则管理包括脱敏规则定义和数据脱敏功能。

（1）数据脱敏规则定义主要包括混洗、值变换、替换、加密、遮挡和空值插入等交互措施的定义，同时也支持自定义策略管理，数据管理人员可以对这些策略进行新增和维护。

1）混洗，随机轮换多条记录同一属性字段的内容或值。

2）值变换，对数值和日期型的数据源利用随机函数进行调整，可保持原有数据的统计特征。

3）替换，用伪装的数据完全替换源数据中的敏感数据。

4）加密，对需要脱敏的数据进行加密处理。

5）遮挡，对敏感数据的部分内容用掩饰符（如 X、*）进行统一替换。

6）空值插入，直接删除敏感数据或者将字段值替换为 NULL。

（2）数据脱敏功能引用安全策略定义的规则，在数据分发过程中对数据做脱敏处理，确保数据在系统间集成应用时的安全共享。根据用户权限可设定不同用户间的数据脱敏规则，不同系统间的数据脱敏规则，不同环境中的数据脱敏规则。

数据安全管理功能主要支持数据分发工作，以及服务访问时的数据安全。用户在申请获取数据时会通过平台将脱敏后的数据反馈给用户，数据分发时也会根据脱敏规则将处理后的数据分发给用户使用，这样可以确保数据在整个过程中的安全共享。

数据安全管理主要包括数据访问安全、数据脱敏、隐私规则、接入控制、数据服务发布申请 / 审核管理和数据授权等几方面内容。其中数据安全访问指定义数据服务共享的数据字段、数据内容、转换策略、数据加密、数据查询条件。数据脱敏指对生产系统中的敏感信息通过脱敏规则进行数据的变形，实现敏感隐私数据的可靠保护。隐私规则指根据数据的业务属性，对数据进行分类，并对不同类别的数据制定相应的隐私规则。接入控制指通过数据提供者提供的用户名、密码、安全授权等信息访问数据提供者提供的数据服务，数据提供者将对数据访问行为实施身份鉴定和访问控制等安全策略。数据服务发布申请 / 审核管理以目录的方式对外发布，数据使用者可以查询到相应的数据服务并申请使用，经过审核后，数据使用者才能使用数据提供者提供的数据服务。数据授权指根据安全策略制定用户或应用可以访问而且只能访问被授权的数据。

数据安全管理在数据全生命周期节点上应用不同的安全技术组合，以保障数据安全。数据全生命周期安全管理图如图 5-14 所示。

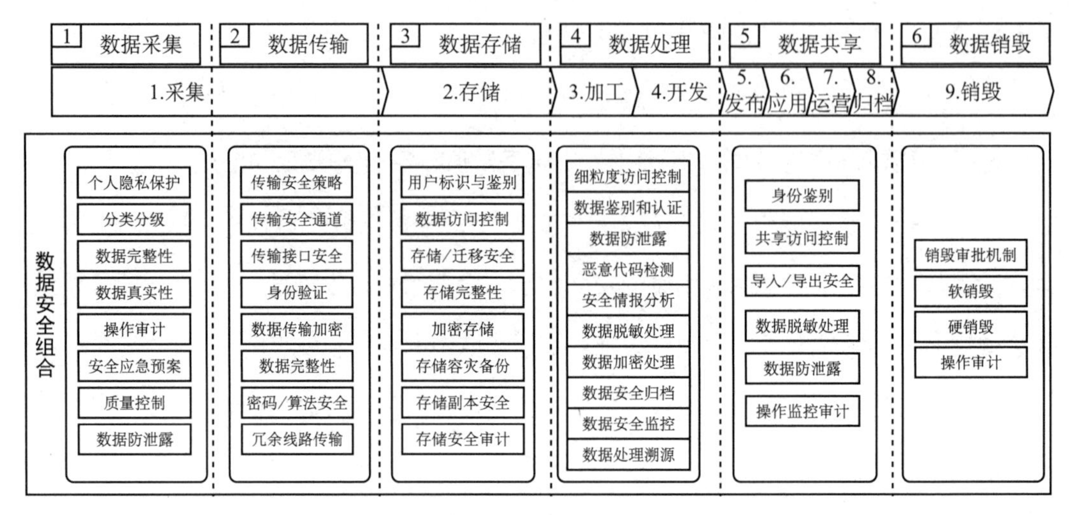

图 5-14　数据全生命周期安全管理图

数据安全管理可通过数据服务总线实现数据服务的安全可控访问，提供服务发布、申请、审核、审批功能，提供共享访问控制。数据安全可控服务图如图 5-15 所示。

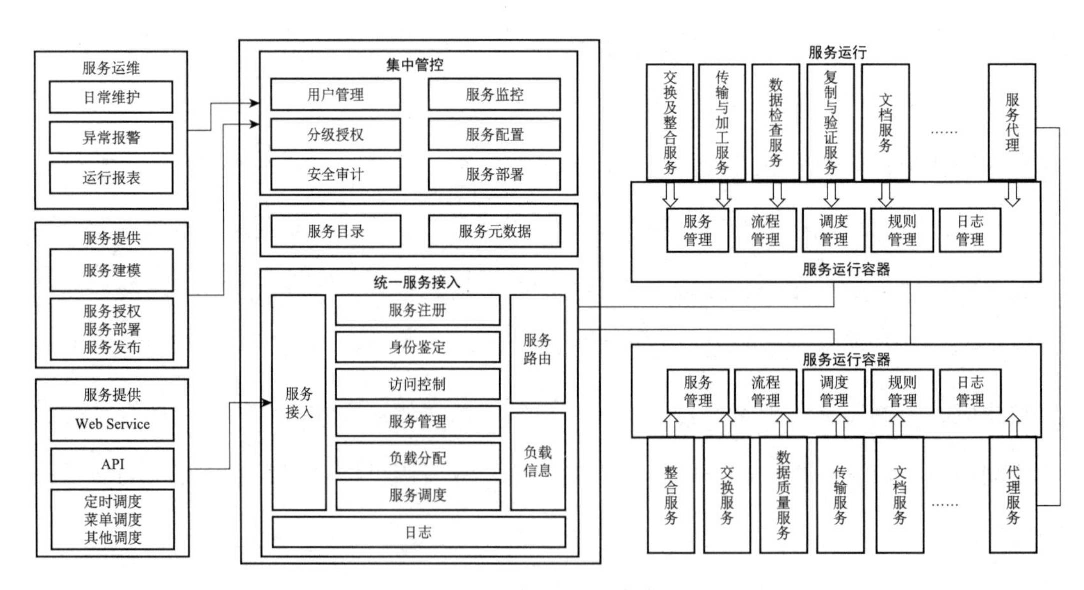

图 5-15　数据安全可控服务图

将配置好的服务分级授权给不同的部门和用户，用户包括管理角色、开发角色、查询角色、使用角色等。安全可管理的数据服务总线作为数据服务的使用入口，当用户访问数据服务时，服务总线将做用户的身份鉴定，通过后再检查其访问权限，都通过后，才能使用该数据服务。

通过访问屏蔽数据源的数据服务，以实现共享数据的安全授权，可以到表、字段、记录级的安全控制，包括调用的用户信息（用户名和密码等）、服务信息（提供者标识、服务类型、服务标识、服务业务句柄）；如果有报文、XML 等输入数据时，还包括服务输入信息（类型：XML、String、RowSet 等）；如果使用查询服务，还包括查询条件（变量名、查询条件）、返回值类型（XML、String、RowSet）等。

5.6　数据架构管理

数据架构主要包括数据模型、数据分布、可信数据源认证、数据流向四部分内容。

数据架构管理的目标是通过数据模型的构建，承载数据标准、数据质量、数据安全信息，并传导给各应用系统，以实现数据资源的统一管理；同时，明确数据分布以及可信数据源认证，为数据应用和管理奠定基础。数据架构流程图如图 5-16 所示。

01 数据模型	02 数据分布	03 可信数据源认证	04 数据流向
· 企业级数据模型是企业范围内的、整合的、面向主题的数据模型，分为企业级数据模型、应用级数据模型 · 建立企业级数据模型的逻辑模型属性与应用级数据模型属性的继承、映射和管控	· 数据分布指识别核心数据，明确核心数据在业务部门、应用系统的分布关系，建立核心数据在各应用系统中的数据的CRUD分布矩阵	· 可信数据源即在业务流程和应用系统上可信赖的数据源 · 在核心数据在各应用系统中数据的CRUD分布矩阵的基础上，识别可信数据源	· 数据流向体现系统各环节输入和输出的信息项，以及数据通过系统前进及存储的路径，从数据传递和加工的角度体现控制流和数据流的方向

图 5-16　数据架构流程图

5.6.1 数据模型

数据模型可分为企业级数据模型和应用级数据模型。

（1）企业级数据模型是企业范围内的、整合的、面向主题的数据模型，用来定义关键的数据生产者和消费者的需求。企业级数据模型从企业整体视角来描述数据及数据之间的关系，指导 OLTP、OLAP 的应用级数据模型建设。

（2）应用级数据模型实现应用系统数据的有效存储。

数据实体主要用于结合业务逻辑、数据元标准等信息构建标准化的数据模型，主要包括实体信息、数据项信息，其中数据项信息包括中文名称、类型、长度、格式等。数据实体的统一数据模型由数据归口部门发布，发布的数据模型需要记录版本信息。通过建立各数据实体的逻辑模型，逐步构建起统一的数据实体资源库。数据实体管理主要包括对数据实体进行单条维护和批量维护及版本管理，其中版本管理支持选定特定版本的数据实体作为基线，以确定版本号，并记录版本相关信息。数据模型则定义了模型之间的关系，支持对表、字段、关系、视图、索引、分区的设计。数据模型的属性项支持通过已创建数据实体和数据模型进行导入。提供模型分类管理，包括模型分类的创建、编辑、删除等；支持数据反向建模；对于已创建的数据模型可以根据选择的数据库类型，实体化为相应的表结构。

数据模型必须在设计过程中保持统一的业务定义，由高到低依次指导，建立企业级数据模型的逻辑模型属性与应用级数据模型属性的继承、映射和管控。数据模型作为核心载体和传导体，承载着数据标准、数据质量、数据安全信息，并传导给各应用系统，以实现数据资源的统一管理。数据模型定义图如图 5-17 所示。

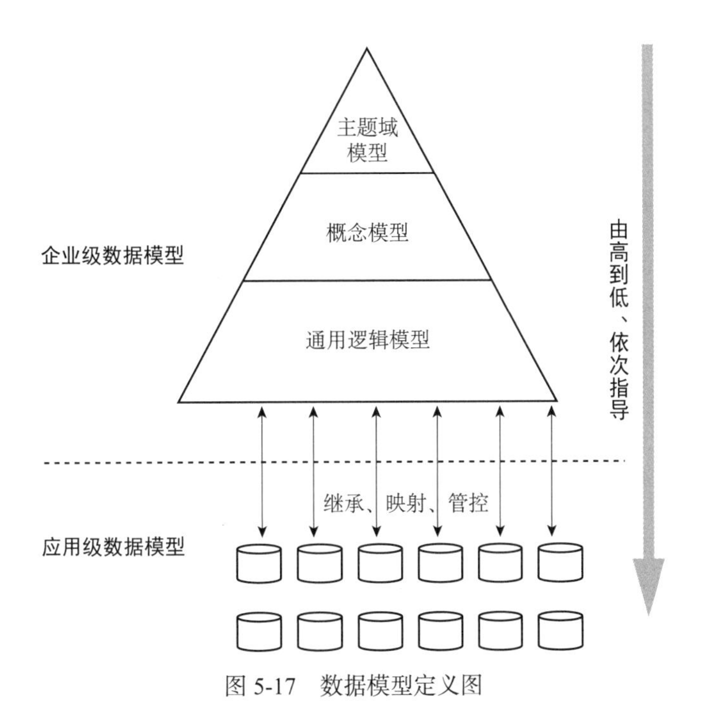

图 5-17 数据模型定义图

（1）主题域模型，参考 ×× 行业模型、业界通用模型（FS-LDM、FSDM）划分，立足组织数据现状及需求，根据业务领域划分主题域模型。

（2）概念模型，在各主题域下，通过从 ×× 行业模型、相关从业务流程、信息系统的数据模型中提取、识别关键业务实体，并对关键实体进行分类；识别关键实体之间的关联性，形成各主题域下的概念模型。

（3）通用逻辑模型，从数据标准、业务流程、信息系统数据模型中提取、识别关键实体下的关键通用属性，并对部分概念实体进一步细化和拆分，形成通用逻辑模型。它以一种清晰的表达方式记录跟踪单位的重要数据元素及其变动，并利用它们之间各种可能的限制条件和关系来表达重要的业务规则，能够支持最小颗粒度的详细数据的存储，以支持各种可能性的分析，同时能够最大限度地减少和保障结构具有足够的灵活性和扩展性。

在大数据治理各个阶段的数据模型作用图如图 5-18 所示。

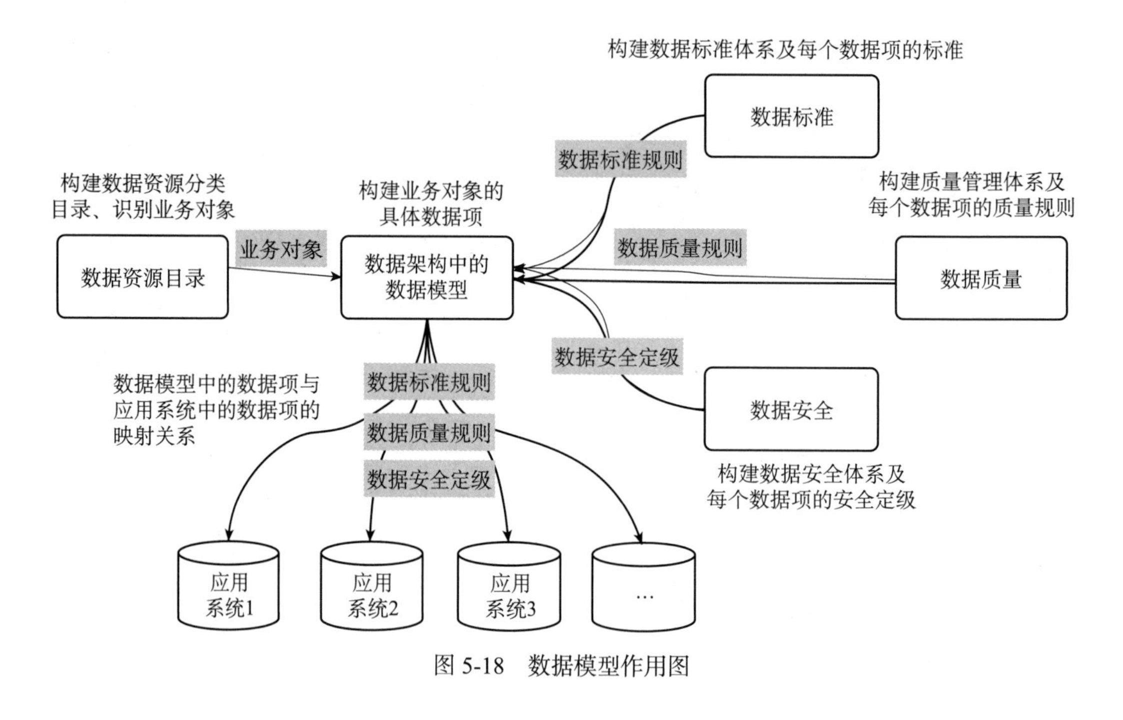

图 5-18　数据模型作用图

5.6.2　数据分布

数据分布指识别核心数据，并明确核心数据在业务部门和应用系统的分布关系，识别数据唯一生成源头，识别数据归属与认责部门，为履行数据管理相关工作提供依据。根据业务需求和系统支撑情况，梳理数据的属性字段系统分布情况，逐步丰富数据资源目录中各数据属性的分布情况，通过定义数据实体和属性分布的不同维度（如系统维度、主题域维度及部门维度等），实现从多个不同的维度或多个维度组合的维度对数据实体和属性的分布进行管理，从而为数据地图的构建提供支持。数据分布管理包括数据分布关系梳理、可信数据源认证两方面内容。

第一步，识别核心数据核心数据判定原则为：集团数据、部门 KPI 数据、源头数据，跨业务、跨系统流转数据，规范定义数据，质量问题多发数据。

第二步，梳理核心数据对应的业务部门及应用系统。

第三步，建立核心数据与业务部门之间的关系矩阵，为数据认责做准备；建立核心数据与应用系统之间的关系矩阵，为识别可信数据源做准备。

数据分布流程图如图 5-19 所示。

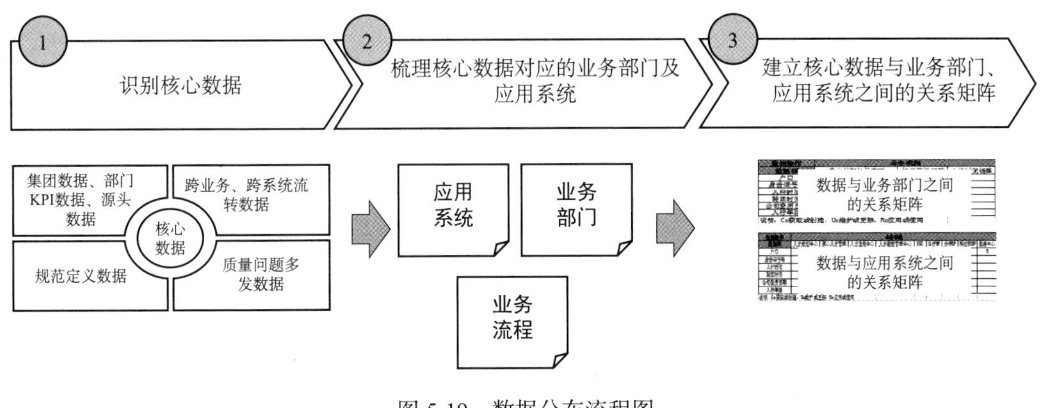

图 5-19　数据分布流程图

5.6.3　可信数据源认证

可信数据源，即在业务流程和应用系统上可信赖的数据源，可信数据源应具有不可再追溯、未经加工等特点。可信数据源认证指通过分析数据源的分布情况，利用流程管理模块发起对应的可信数据源认证流程，确定实体及属性信息。若存在多个不同的数据源，需要结合属性分布情况进行认证。认证可信数据源后，在数据集成过程中，引用数据源信息优先选择从可信数据源中获取数据。可信数据源认证方法有两种：业务时序关系识别方法和数据产生方式识别方法。

（1）业务时序关系识别方法是从业务视角出发，梳理流程中各节点对应的支撑系统，根据业务流程时序关系，确定数据实体对应的最初生成系统，即为可信数据源。该方法是理想的识别方式，但是往往应用系统在实施时不能严格按照业务流程实施。

（2）数据产生方式识别方法是通过数据与流程、部门、系统之间的关系矩阵分析，识别数据的唯一生成源头，即为可信数据源。该方法识别简单、快捷，但不能完全保证识别的正确性。

在进行可信数据源分析时，应采用“业务时序关系识别方法与数据产生方式识别方法相结合”的方法，如两种方法识别出的可信数据源一致，则可以最终识别出可信数据源；如两种方法识别出的可信数据源不一致，应进行可信数据源对比分析，以最终确定可信数据源。

5.6.4 数据流向管理

数据流向管理根据业务流程规划统一的数据流向，定义数据在各相关系统中的宿主系统，记录系统集成及接口清单，识别各个数据属性的来源系统及集成目标系统，形成与前后集成系统的数据流向，完成数据资源目录中各数据属性在业务流程和 IT 系统上的流向关系，从而实现数据的可追溯，为血缘分析和影响分析提供基础。上游系统发生变更时可对下游系统的影响进行分析，并进行同步变更或通知变更。

5.7 数据全生命周期管理

数据全生命周期一般包括数据生成及传输、数据存储、数据处理及应用、数据销毁四个阶段。

（1）在数据传输过程中需要考虑数据的保密性和完整性，对于不同种类的数据应分别采取不同的措施以防止数据泄露或被篡改。

（2）在数据存储阶段，除了要关注数据的保密性和完整性以外，更要关心数据的可用性，应采取分级存储的方式进行存储。数据的备份策略由数据的责任部门制定，对于数据的变更必须依照数据管理办法规定的申请审批流程进行，并审慎处理。

（3）对数据的分析处理和挖掘过程，为保证数据处理过程中的安全性，一般要采用联机处理，系统只输出分析结果。需要从数据库中提取数据时，最好建立贴源数据库，并关注数据的提取是否对数据库造成破坏或降低其安全性。

（4）数据的销毁阶段主要涉及数据的保密性，应明确数据销毁流程，并采用专业工具进行销毁，数据销毁要有完整的记录。

数据全生命周期管理指为实现数据管理愿景和目标，在数据全生命周期中嵌入、落实各项数据管理工作，确保在信息化全生命周期过程中，数据能够得到有效管理，并满足多样化的数据应用需求。数据全生命周期管理图如图 5-20 所示。

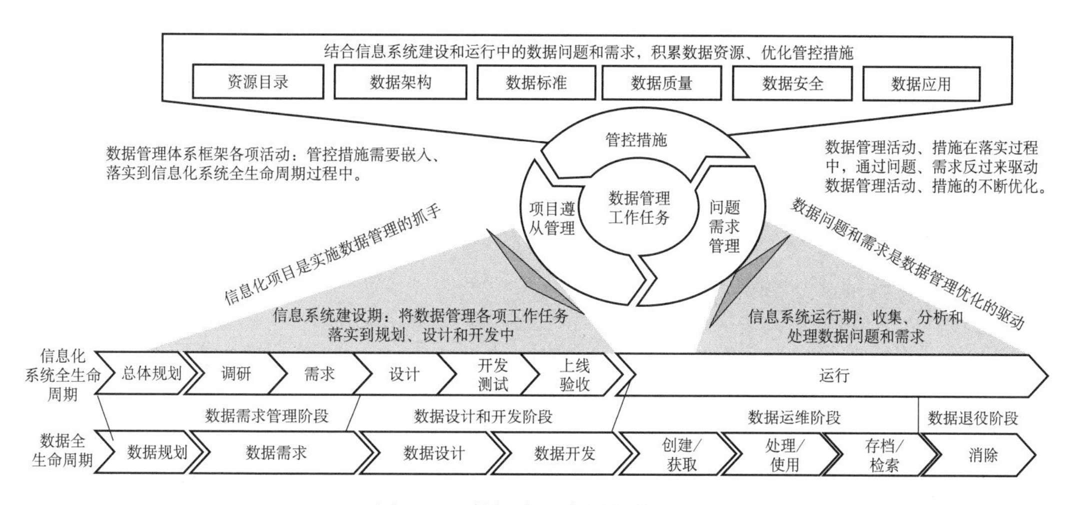

图 5-20 数据全生命周期管理图

第 6 章　大数据服务专业能力

大数据服务专业能力一般指数据采集服务、数据交换服务、数据加工服务、数据共享服务等数据服务的能力。

6.1　数据采集服务

数据采集服务主要负责异构、异地的多源数据到贴源缓存区的采集、融合、加工、清洗等处理，实现内外部系统的结构化数据、半结构化数据、非结构化数据等不同类型、不同时效数据的复制与整合。

数据采集实现从内外部数据源导入结构化数据（如关系型数据库数据、应用系统数据、生产实时数据）、半结构化数据（如日志、邮件等）、非结构化数据（如文本、图片、视频、音频、网络数据流等）等不同类型的数据及不同时效的数据，并提供这些数据的整合方式。实现数据库、文件、XML、网页、Web Service、传输队列、适配器、内存表、JSON、NoSQL（hive、HBase、MongoDB）、搜索引擎（Elasticsearch）等数据源到缓存库的采集、加工、整合处理。将异构数据源采集、加工、整合到缓存库中，缓存库可以是分布式文件系统、数据库、NoSQL（hive、HBase、MogoDB）、搜索引擎（Elasticsearch）等。数据采集服务范围图如图 6-1 所示。

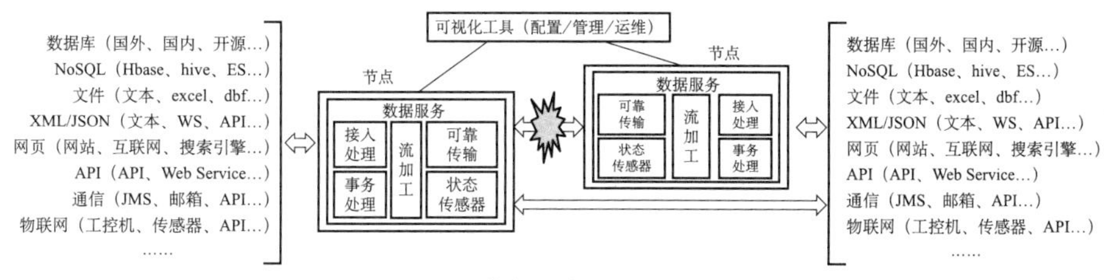

图 6-1 数据采集服务范围图

（1）数据复制，指结构化数据和非结构化数据的复制，将异构、异地的数据库数据和文件数据复制到缓存库中。

数据库数据复制支持日志分析，能捕捉变化的结构和数据，并将变化的结构和数据通过数据流复制技术复制到缓存库，支持异地、同城、同中心的数据复制。提供统一的文件传输服务来实现文件传输复制功能，将文件、文件夹下的文件复制到缓存库中，支持变化文件同步，支持满足条件的文件复制，支持复制过程中的加密、压缩等处理，可以通过设定规则对文档进行归档或者清理。可对文件分类调用，对文件夹下不同类型的文件设定不同的处理规则，调用不同类型的采集及加工服务。

关系数据库复制运用数据流复制技术，实现同构或者异构数据库之间的复制，包括：Oracle、SQL Server、DB2、Sybase ASE、Sybase IQ、AS/400、Informix、MySQL、Access、PostgreSQL、InterSystems Cache、Gupta SQLBase、dBase、Firebird SQL、MaxDB（SAP DB）、Hypersonic、Generic database、SAP R/3 System、CA Ingres、Borland InterBase、人大金仓（KingbaseES）、达梦（DM）、神舟（OSCAR）、Netezza 等不同版本的数据库。关系数据库到 NoSQL 库的复制，可提供数据流复制技术实现关系型数据库的数据、结构复制到 NoSQL 库中，如 MongoDB、HBase、hive、Elasticsearch 等。

（2）数据文件复制，将文件、文件夹下的文件复制到缓存库中。支持变化文件同步，能监控给定文件夹，将文件夹下的变化文件复制到缓存库中。支持异构系统间的复制，支持 Windows、Linux、AIX、HP-UX、Solaris 等操作系统，支持异地数据文件的复制。提供菜单生成器，方便用户通过菜单实现交互运行、定时调度、文件触发调度，并能进行可视化配置。可以将数据文件复制到分布式文件系统中，如 hadoop 平台。支持数据复制过程中的加密、压缩处理。提供文件全生命周期管理，可以设定规则对文档进行归档或者清理。

（3）文件传输功能，将文件、文件夹下的文件传输到目标中。支持变化文件传输，支持按条件选择文件传输，支持加密、压缩等处理，可以设定规则对文档进行归档或者清理。提供海量文件传输功能，能将文件夹下几十亿甚至上百亿个文件分组切块，并发高效的传输到异地、异构的系统中，能监控给定文件夹，发现变化文件，并将变化文件传输到异地。支持海量文件交换断点续运行；支持异地、异构存储。文件传输服务架构图如图 6-2 所示。

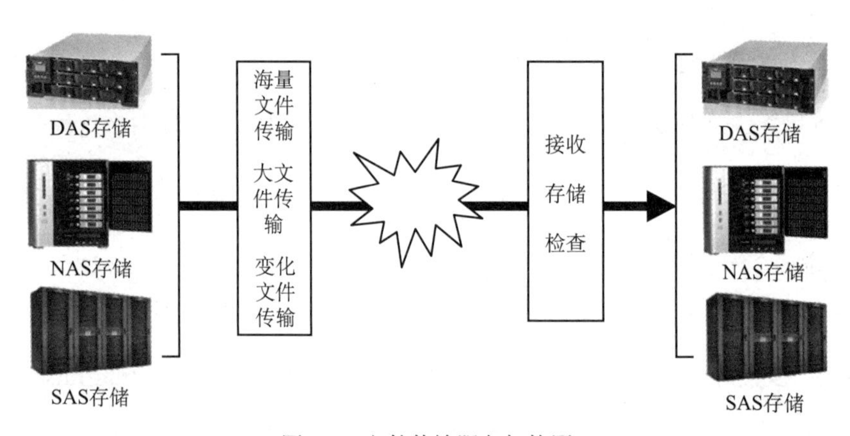

图 6-2　文件传输服务架构图

（4）数据源和数据目标的数据库比对验证功能。通过数据源和数据目标方的数据手印比对，发现源数据库和目标方数据库结构、数据的差异，并进行报告和差异处理。一般情况下将缓存库的数据和源端的数据做比对，发现不一致的结构、数据、文件，并形成比对报告。通过比对验证功能方便用户了解缓存区的数据和源端数据的差异，进而保证源端数据和目标端数据的完整性和一致性。既能对指定库进行比对，也能设定比对条件对指定库表进行比对，支持异构库表之间的数据比对。提供源文件和目标方文件比对功能，通过对给定文件夹进行比对，发现源文件和目标方文件的差异，并进行报告和差异文件处理，提供差异文件补偿操作。跨区域、跨网段、异构系统的数据源和数据目标的数据比对验证服务图如图 6-3 所示。

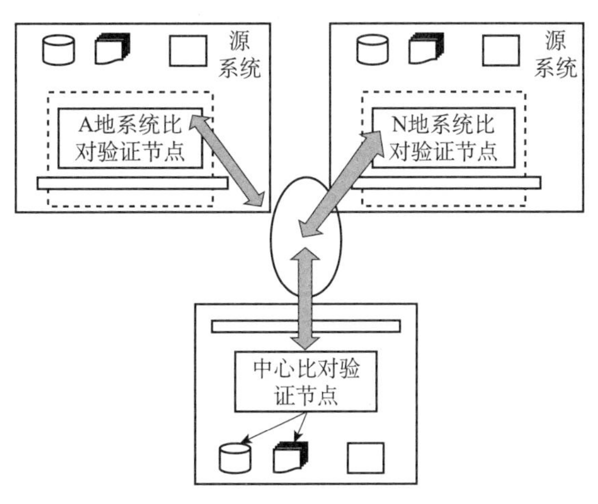

图 6-3　数据比对验证服务图

（5）异构数据的采集与加工。基于流加工技术提供统一、规范的数据接入方法，支持从内外部数据源向平台导入结构化数据（如关系型数据库数据、应用系统数据、生产实时数据）、半结构化数据（如日志、邮件等）、非结构化数据（如文本、图片、视频、音频、网络数据流等）等不同类型的数据和不同时效的数据，并提供这些数据的整合方式。

流加工技术是指在一个数据服务流内实现数据检查、数据清洗、数据比对、数据转换、数据逻辑判断、数据路由、数据异常处理等计算，并将计算的结果输出到数据服务的目标中；通过优化算法，将数据服务的加工计算在数据管理引擎内一次完成，减轻数据源、目标 I/O 操作和计算压力，大大降低了对数据源和数据目标的影响。流加工技术实现数据库、文件、XML、网页、Web Service、传输队列、适配器、内存表、JSON、NoSQL（hive、HBase、MongoDB）、搜索引擎（Elasticsearch）等数据源到缓存库的采集、加工、整合处理，可以将异构数据源采集、加工、整合到缓存库中，缓存库可以是分布式文件系统、数据库、NoSQL（hive、HBase、MogoDB）、搜索引擎（Elasticsearch）等。

基于数据流的加工处理，包括数据转换处理、数据逻辑处理、数据安全处理等。

1）数据转换处理实现了采集数据的转换加工处理，包括字符串加工、字段赋值、时间类转换、比对翻译、数学计算、数组操作、系统信息、变量操作、专用转换、GIS转换等；

2）数据逻辑处理提供数据逻辑判断处理，包括：格式检查、范围检查、缺失记录检查、相似重复记录检查、数字检查、专用检查、逻辑表达式检查、复合规则检查等，并能将不合规的异常数据记录到数据库或者文件中，方便做后续处理；

3）数据安全处理实现了敏感数据的安全处理，包括：安全过滤、模糊加密等。

元数据采集服务可采用定时调度等方式实现数据资源库表、字段、接口、开放共享、数据标准（业务术语、参考数据、业务规则）、数据资源目录、数据元、来源对照、质量规则、脱敏规则等元数据的采集。既可以从数据库、文件（设计模型文件如PDM、日志文件、应用配置文件等）中采集，也可以通过Web Service接口、API接口从应用程序中采集。

Excel模板文件方便业务人员批量补充完善元数据，支持模板数据的导入、导出功能。元数据采集处理架构图如图6-4所示。

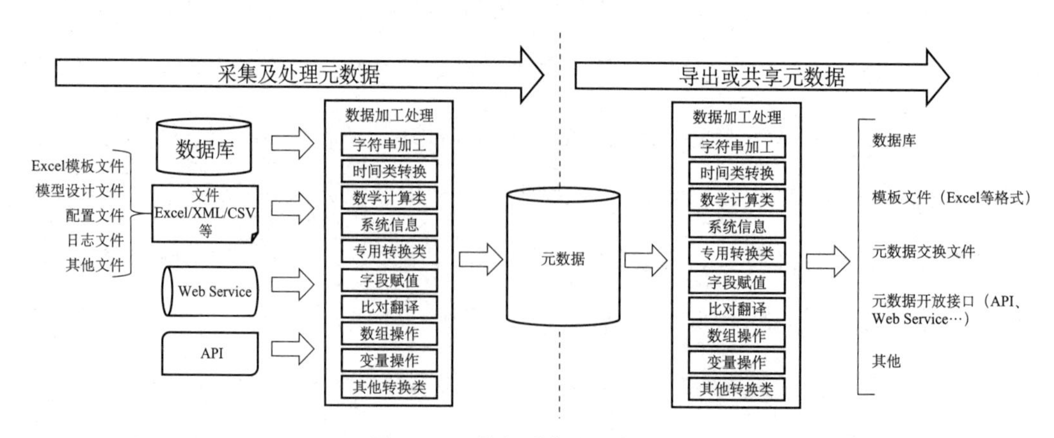

图6-4　元数据采集处理架构图

数据采集服务提供分组平行加工能力，提高数据采集的性能；支持在复杂网络环境下的可靠数据采集，提供跨网段、跨单位的联动式数据采集；提供事务处理机制，保证采集数据的一致性；提供统一的采集处理接口，以方便不同的采集源集成，满足特殊数据采集的需要；支持服务代理、发送方及接收方前后处理、流程等服务联动调度策略。

数据采集服务支持节点监控、历史任务监控、任务运行明细等功能，可查看服务使用情况，数据加工、传输、交换的过程，任务运行过程明细等信息。

数据采集级联指在一个数据服务内应能实现分支端、中心端、上级中心等之间的数据采集、加工以及数据质量的检查及处理，由分支端向中心端上报的同时可以通过中心端传输到更上级的中心节点，实现联动上报的采集。既能实现集中运维，也能各自运维。数据采集级联架构图如图 6-5 所示。

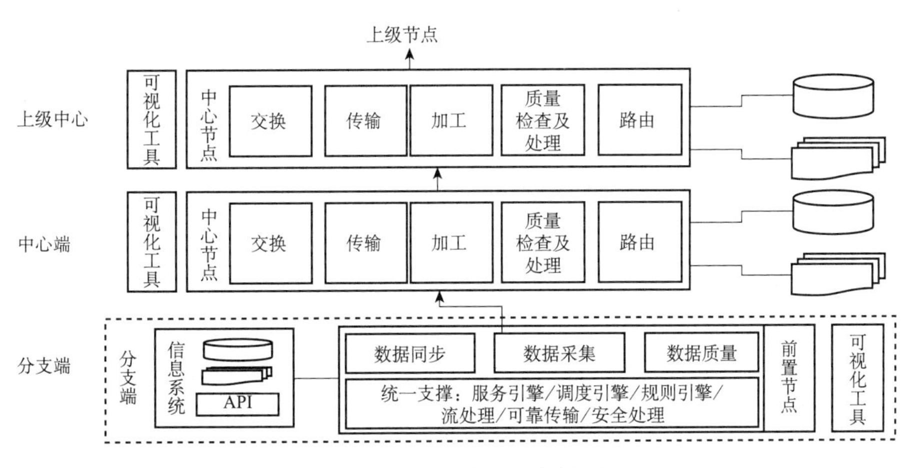

图 6-5　数据采集级联架构图

6.2　数据交换服务

数据交换服务指在遵循一定的交换策略条件下进行数据交换及消息传递，在数据传输过程中应保证数据的完整性、安全性、可靠性和传输性能。数据交换服务支持全量、批量、实时的数据交换；支持大数据量的数据交换；支持复杂网络环境下的可靠数据交换；支持跨网段、跨单位的数据交换；支持基于通道、文件的加密传输；支持多种数据接口和传输协议；提供数据交换日志；支持断点续传功能。

数据交换服务支持数据资源在不同单位、不同区域的快速交换和共享，提供配置工具生成交换节点，该节点有多种部署方式。数据交换服务部署图如图 6-6 所示。

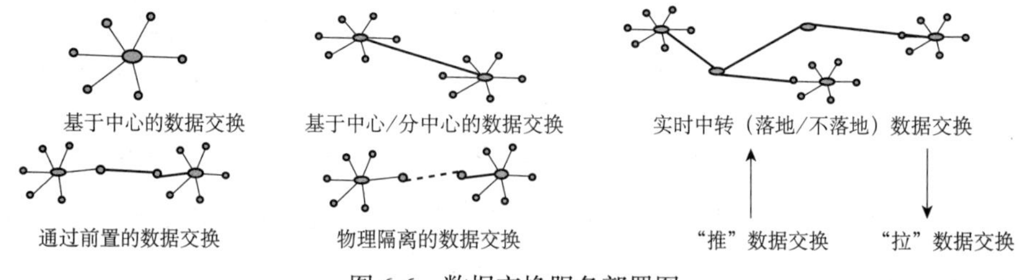

图 6-6　数据交换服务部署图

数据交换中转联动指在一个数据服务内实现分支端、中心端、另一个分支端之间的数据交换、加工以及数据质量的检查及处理，支持分支端和中心端之间的交换，也支持两个分支端之间通过中心端路由交换。既能进行集中运维，也能各自运维。数据交换中转联动架构图如图 6-7 所示。

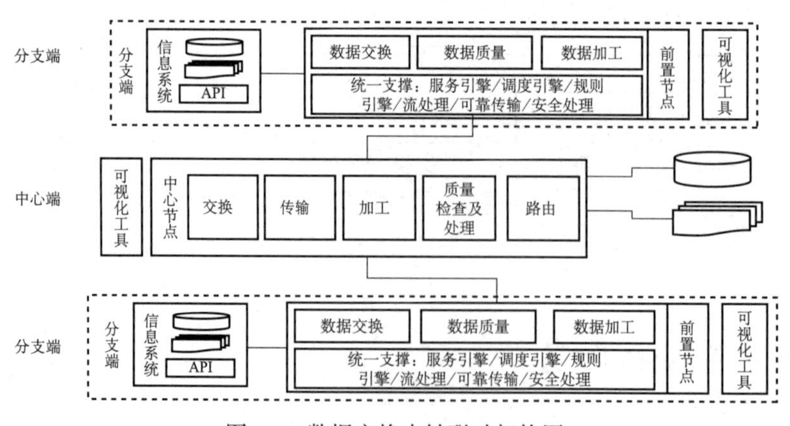

图 6-7　数据交换中转联动架构图

6.2.1 异构、异地的数据交换

基于流加工技术的数据交换和共享指在一个服务内实现数据库、文件、JSON、XML、传输队列、适配器等之间的相互交换。实现如下交换功能：

（1）支持常用数据库交换，支持SQL语句作为数据源，支持和NoSQL的交换（支持与MongoDB的交换，支持与hive的交换，支持与HBase的交换，支持与Elasticsearch的交换）。支持文件交换，支持XML，支持XML与异构系统的交换，支持JSON与异构系统的交换。

（2）提供内存对象映射满足API、传输队列数据抽取。支持可视化定义内存表与异构系统的交换；可视化配置数据采集结果可输出到通道中，实现数据传输服务的绑定。

（3）提供跨网段的数据交换能力。跨网段指数据源和数据目标位于不同的网段，每个网段不能访问跨网段的数据库。能配置跨网段的数据交换服务；能实现跨网段的实时联动数据交换；支持CLOB字段、BLOB字段等。

（4）提供跨网段的实时数据交换能力，提供跨节点、跨网段的服务联动调度策略满足同步、异步业务联动需要。提供流程管理，提供可视化工具对数据流转过程进行配置，支持顺序处理、并行处理、条件处理、意外处理等。

6.2.2 数据交换过程中的数据加工

数据交换过程中的数据加工，可提供多种数据转换方法，包括字符串转换、字段赋值、时间类转换、数据比对与翻译、数学运算、身份证格式转换等；提供交换过程中的数据质量检查，根据数据逻辑判断规则，将干净的数据装载到目标中，将判断有问题的

数据路由到数据库表或者数据文件中；提供多种逻辑处理，包括：格式匹配检查（如日期格式、数据格式、身份证格式、自定义格式等）、字符串逻辑检查（包含已结束、已开始、在列表中、等于等）、内容为空检查、重复记录检查、范围内检查（如在列表内、在字典或代码表内、包含、等于）、表外键关联检查、逻辑检查（等于、大于、大于等于、小于、小于等于、为空、非空、大于且小于、大于等于且小于、大于且小于等于、大于等于且小于等于、为真、为假等）、复合逻辑检查（以上逻辑的 and、or 组合）、自定义逻辑检查等，并能进行可视化配置；提供多种路由策略，路由条件可以是逻辑判断，也可以是等于、不等于、小于、小于等于、大于、大于等于、大于且小于、大于等于且小于、大于且小于等于、大于等于且小于等于、规则表达、为空、非空、在列表中、包含、开始为、结束为、为真、为假等方法，数据路由也可以是条件的组合，可以是 and 也可以是 or。

6.2.3 交换的可靠性和实时性

数据交换支持断点续传，在数据交换任务运行过程中由于各种不确定原因造成网络中断，网络恢复后重新运行服务应保证数据一致；支持实时交换，实现通过字符串报文、XML、JSON 等格式实时交换数据，支持通过分析日志捕捉变化数据的实时交换；支持数据库 CDC 技术，能捕捉指定表的变化数据，并增量抽取变化数据，经过转换等处理后按照条件路由到多个数据目标中；支持数据分组分块平行加工，在一个数据交换服务中实现数据分块及数据并行加工处理，以保证数据的加工性能。

6.2.4 批量文件交换服务

批量文件交换服务提供可靠的文件传输服务功能，支持对文件、文件夹、文件夹下指定文件等的传输；提供文件筛选功能，实现满足条件的文件传输；提供多节点间文件接力传输功能，实现多节点间文件传输的联动，实现文件传输过程中加密、压缩、断点续传等功能。

支持一对一、一对多传输，支持同步、异步传输方式，提供和外部FTP/SFTP的传输服务，方便给外部的FTP/SFTP文件服务器交换文件，提供FTP/SFTP文件传输服务，包括文件的上传和下载，支持文件和文件夹传输，支持变化文件传输、提供文件清理等处理。

6.3 数据加工服务

数据加工服务包括数据抽取、流处理、数据路由等部分。数据加工服务实现数据转换、逻辑判断、数据质量检查、数据异常处理、数据路由、数据规范化等处理，用于将贴源缓冲区的数据根据需要加工到数据存储与处理层的结构化区、非结构化区，并能给数据主题区、分析服务区、数据实验室提供规范合理的数据。支持全量、增量、实时数据处理，基于数据流处理技术，可在数据流引擎中进行数据处理，以减轻对数据源和目标的影响。数据加工服务实现数据库、数据仓库、NoSQL、搜索引擎、文件、XML、Web Service、传输队列、适配器、内存表、JSON等之间的相互交换，通过工具配置异构数据之间的转换、加工、映射规则。

（1）数据抽取要支持全量抽取、SQL语句、增量数据、动态规则、通过API或者接口表等调用方法传来的变量。数据加工服务架构图如图6-8所示。

（2）流处理可以进行数据加工处理、数据逻辑处理、数据安全处理、调用服务或者方法等。

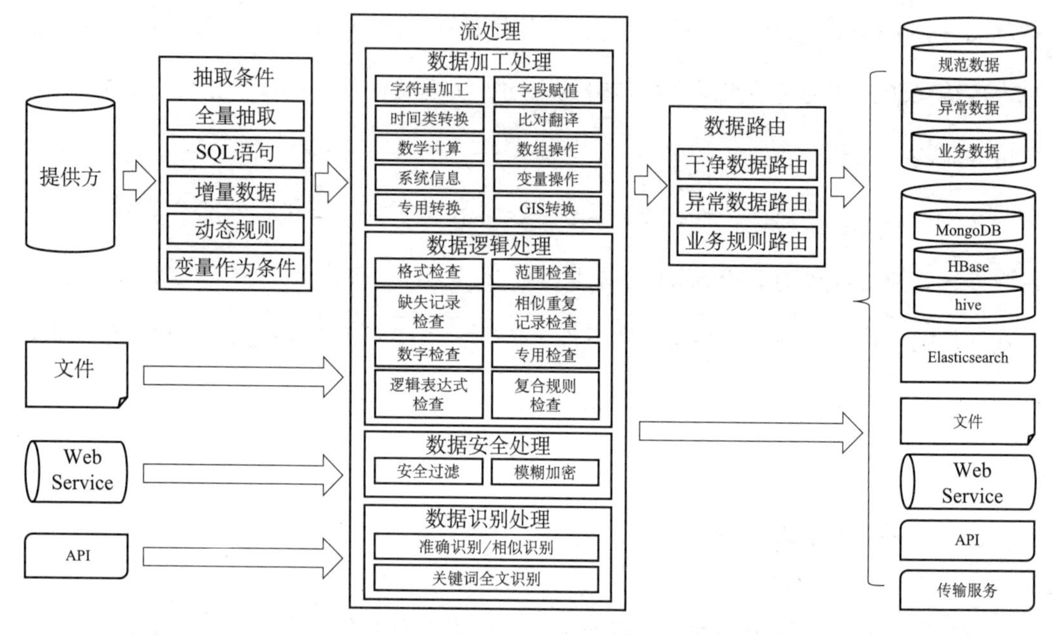

图 6-8　数据加工服务架构图

1）数据加工处理包括字符串加工、字段赋值、时间类转换、比对翻译、数学计算、数组操作、系统信息、变量操作、专用转换、GIS 转换等；

2）数据逻辑处理包括：格式检查、范围检查、缺失记录检查、相似重复记录检查、数字检查、专用检查、逻辑表达式检查、复合规则检查等；

3）数据安全处理包括：安全过滤、模糊加密等；

4）调用服务或者方法包括：调用流程 / 服务、根据逻辑判断调用处理方法。

（3）数据路由包括干净数据路由、异常数据路由、业务规则路由等。支持数据库、NoSQL（hive、HBase、MongoDB 等）、搜索引擎（Elasticsearch 等）、文件、XML、Web Service、传输队列、适配器、内存表、JSON 等之间的相互交换。支持数据加工技术的逻辑判断和数据质量检查，全量、批量、实时的数据交换，大数据量的数据交换，复杂网络环境下的可靠数据交换，跨网段、跨单位的联动式数据交换，基于通道、文件的加密传输。数据流处理功能图如图 6-9 所示。

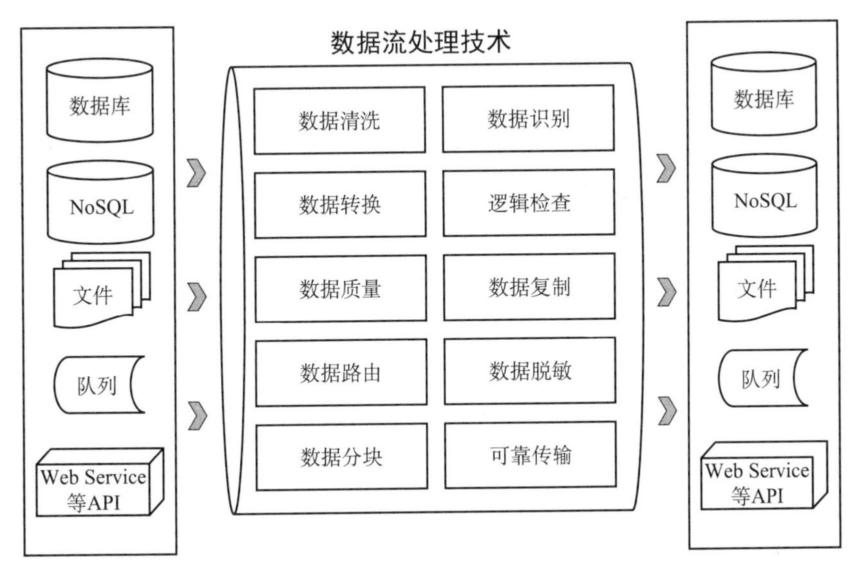

图 6-9　数据流处理功能图

数据加工建模功能实现了单个业务主题在多个业务系统之间的数据变化过程和数据加工开发。每个数据加工节点实现了两业务系统之间的数据转换、加工、路由、逻辑判断等处理。提供多种数据转换方法，可进行逻辑处理和加工过程中的数据质量检查，并提供截图证明。

6.4　数据共享服务

数据共享服务指服务提供方做服务资源的编目，并注册到目录中心；中心做服务资源的审核和维护，并将共享的服务发布出去；服务使用方查询到服务后，向中心申请使用该服务；中心审核通过后给申请用户授权使用该服务；服务使用方通过安全可管理的服务总线调用该服务，实现服务提供方和使用方的数据交换和共享。

安全可管理的服务总线，方便安全可控的使用服务，将配置好的服务分级授权给不同的部门和用户，用户包括管理角色、开发角色、查询角色、使用角色等。安全可管理的数据服务总线作为数据服务使用入口，当用户访问数据服务时，服务总线将做用户的身份鉴定，通过后检查其访问权限，都通过后，才能使用该数据服务。通过访问屏蔽数据源的数据服务，实现共享数据的安全授权，可以到表、字段、记录级的安全控制。

通过安全可管理的数据服务总线，可以采用多种方式调度使用服务或者流程，包括菜单交互、定时、接口文件、接口表、消息队列、服务代理、流程、前处理（发送方、接收方、服务）、后处理（发送方、接收方、服务）等。

第7章　一体化大数据平台建设

大数据治理平台建设主要包括数据资源目录管理、数据标准管理、数据质量管理、数据共享与应用管理、数据安全管理、数据架构管理、数据全生命周期管理七个部分的建设集成。其中数据资源目录、数据标准、数据质量、数据来源管理等是大数据治理的核心。大数据服务平台建设主要包括数据采集服务、数据传输服务、数据交换服务、数据加工服务、比对验证、数据共享应用等数据服务的集成，并能实现配置、任务管理、安全管理、运维监控等。两者无缝的有机结合，构成一体化大数据平台。

目前，涉及数据治理、数据服务、数据管理、数据可视化展现等模块化平台产品有很多，单个产品的功能比较完善，但很多模块化产品都不是标准的接口，需要自己的开发工具、开发语言、配置等，需要一定的学习成本；每个产品都有自己的管理后台，需要单独管理。一个单位、一个集团公司使用的平台产品往往有多个，相互不统一，需要多个工具或者平台集成；多个模块组合易造成数据不一致，导致数据维护困难，产生数据孤岛，实施与运维成本高昂。具体项目使用时又需要在多个模块产品之间进行切换，实施与运维工作量大，定位问题烦琐，产品不能互通，给数据治理与服务应用工作造成重大影响。因此需要通过统一有效的架构设计打通各治理服务间的数据关系，形成一体化的数据治理与服务体系，并基于统一运行、管理、运维的可视化界面解决政府和企业面临的数据孤岛、数据管理、数据治理及数据安全等相关问题，提升组织的数据应用价值，增强竞争力。一体化数据治理与服务框架图如图 7-1 所示。

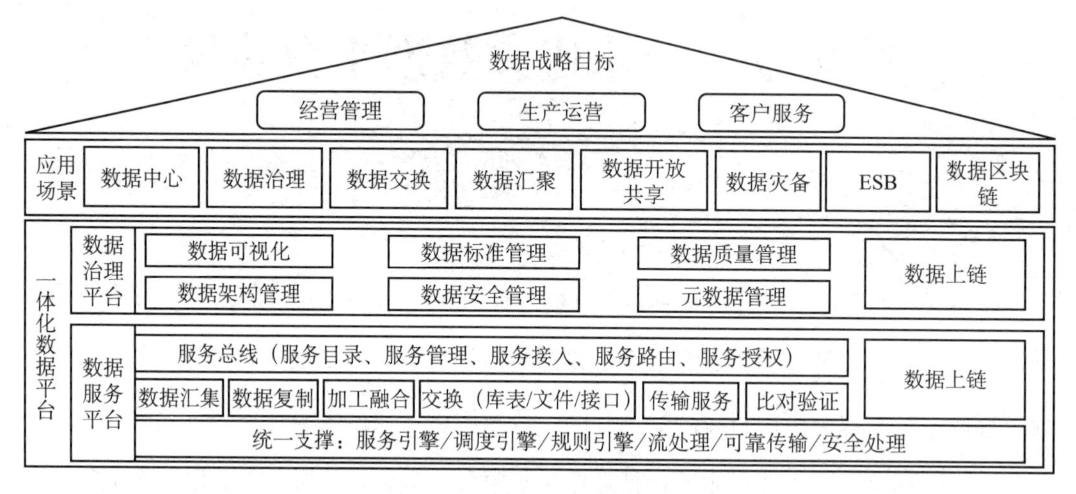

图 7-1　一体化数据治理与服务框架图

为实现业务规范对数据服务的指导和融合，需要在顶层设计时采用自上而下的设计思路。一体化大数据平台通过数据实体管理、数据标准管理、数据质量管理、数据安全管理等数据治理组件实现包含数据标准、业务规则的业务规范管理，以业务规范为基础生成数据采集、交换、加工、融合、质量处理、脱敏、开放共享等数据服务，数据服务可以直接使用业务规范的数据标准与业务规则，促进了业务规范与数据服务的深度融合。

一体化大数据平台以规则为核心，将服务引擎、传输引擎、调度引擎、规则引擎作为架构的核心组件，统一了数据资源接口、数据服务接口、数据处理接口、元数据接口，将数据、计算、服务等作为插件插入到平台中，方便进行扩展和融合。基于统一工具快速生成服务模型（包含数据交换、传输、整合、质量、共享等服务模型），方便基于模型的赋能；服务和算法松耦合、可重用，方便融合，无孤岛；提供数据治理和服务，方便数据资产全面管理，提升数据质量和安全管控；实现集中运维和安全管理，并能通过工具进行可视化管理。一体化大数据平台原理图如图 7-2 所示。

（1）一体化大数据平台在了解数据（数据盘点）方面，提供初始化数据的模板和工具，通过丰富业务属性、模板导入等迭代实现数据盘点；并通过平台数据管理模块完善数据架构、数据标准、数据质量、数据安全等相关信息。从平台中导出数据模型、数据分布、数据流向、数据质量、数据安全等数据现状明细及相关统计信息，达到了降低数据盘点成本，提高盘点效率的目的。

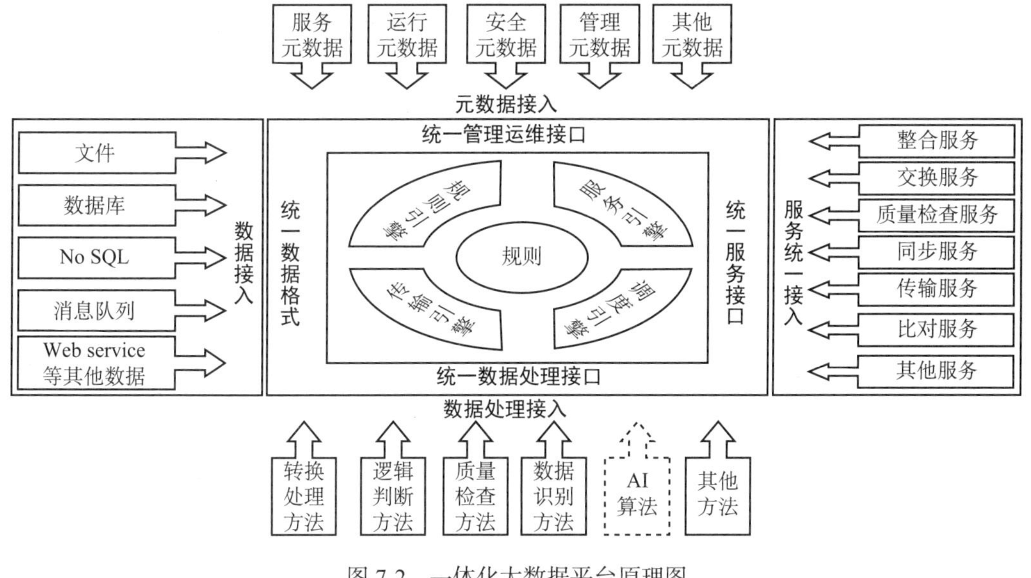

图 7-2　一体化大数据平台原理图

（2）一体化大数据平台在治理数据（数据治理活动）方面，基于流程进行 E2E 数据管理，采用以业务规范为核心的自上向下和自下向上相结合的方式抓好基础数据的管理，通过控制源头提升数据质量；通过数据治理生成数据标准、业务规则等业务规范，方便基于业务规范生成数据服务。提供数据资源目录、全景化视图、治理评估等指导信息系统进行设计、优化、建设、运维各阶段工作。

（3）一体化大数据平台在利用数据（采集 / 交换 / 加工 / 共享）方面，根据数据流程清册，发现数据流转瓶颈，提升业务流转效率。利用数据治理的数据标准、业务规则生成数据采集、交换、加工、质量、脱敏、共享等数据服务工具，实现数据服务与业务规范的深度融合。实现了跨部门跨域的可靠数据采集、交换与共享，解决数据孤岛、复杂情况下的堵包丢数据问题，满足多样化的数据采集、交换共享需求，提供易用数据服务实现数据汇聚、按需流动与共享；支持统一的数据交换及整合服务，可以在一个服务内实现数据交换、ETL、数据质量、数据脱敏等功能，并保证数据的完整性；支持交换、整合过程中的数据加工、数据质量检查、数据脱敏、AI 算法调用、数据路由等处理。通过数据服务实现数据资源的归集，数据整合、数据治理，实现数据资产化，通过面向领域的深度融合实现数据增值，通过数据交换与共享提供有价值的数据资产服务，通过各环节上链保证数据资产增值过程可回溯、数据安全可信。

一体化大数据平台内置数据标准模板，通过数据标准模板可统一梳理现有数据标准（如国家标准、行业标准、内部标准等），梳理完成后可通过平台规范及标准管理功能将已梳理的数据标准导入至平台形成数据元。一体化大数据平台各模块间关系图如图 7-3 所示。

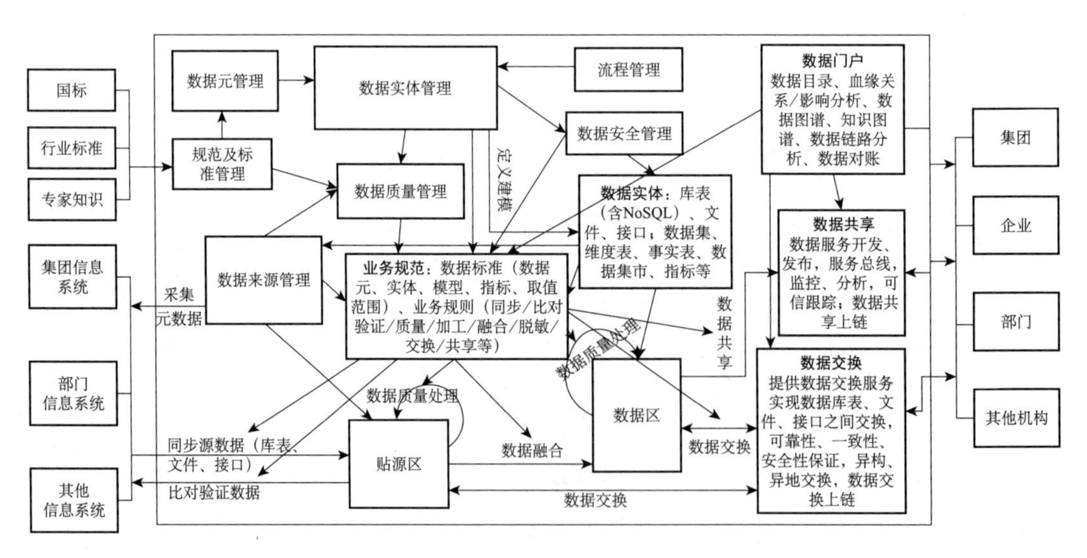

图 7-3　一体化大数据平台各模块间关系图

以业务规则为基础的数据实体管理、数据标准管理、数据质量管理、数据安全管理等数据管理服务组件实现业务规范管理，以此为基础生成数据采集、交换、加工、融合、质量处理、脱敏、开放共享等数据服务。数据服务可以直接使用业务规范的数据标准与业务规则，实现业务规范与数据服务的深度融合。数据实体构建时可通过自定义、数据项模板导入等方式形成数据项，也可直接引入数据元形成标准化数据实体，支持数据实体的数据安全属性定义、工作流管理等处理；已定义实体支持与数据来源进行关系映射，明确数据实体的数据来源、定义建模后将标准化数据实体实例化到数据区，形成标准物理模型。通过数据来源目录维护各信息系统的数据来源信息，形成数据采集规则，数据采集时可引用数据采集规则生成采集任务，进行贴源区数据采集。数据来源与数据实体的关系映射后，以及基于数据实体进行数据建模后，可明确已建数据模型的分布情况、数据来源等信息。贴源区数据通过加工、清洗、质量检查等处理（支持引用数据加工、清洗、质量检查等业务规则）后归集至数据区，根据需求对外进行交换、共享等，供医院信息系统、政府部门、企业等机构使用。一体化大数据平台业务规范与数据服务融合关系图如图 7-4 所示。

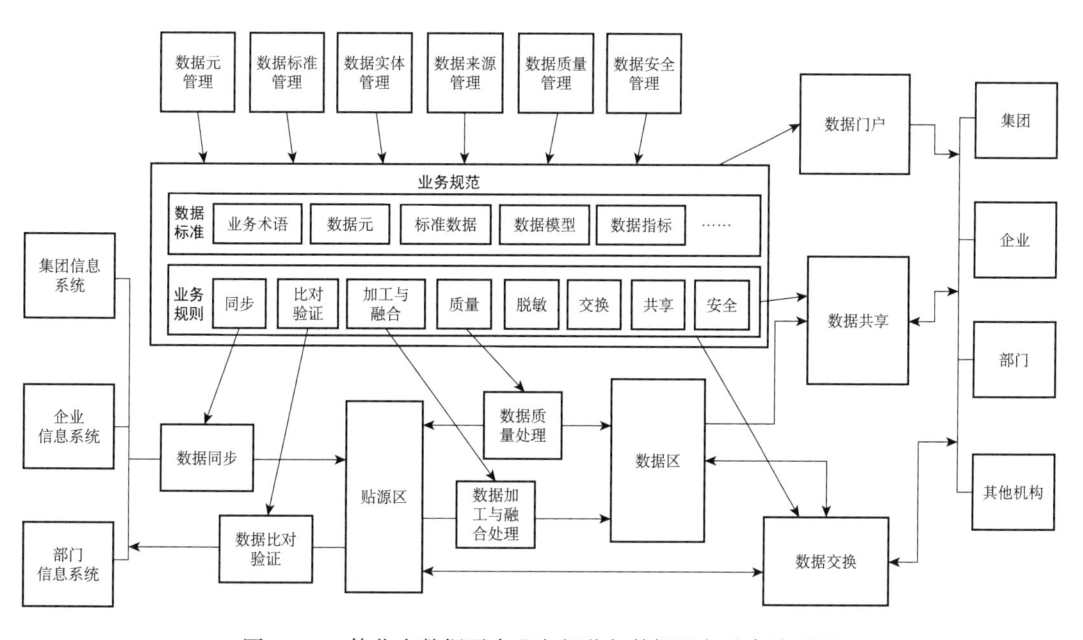

图 7-4　一体化大数据平台业务规范与数据服务融合关系图

根据已梳理完成的数据元、数据来源形成业务规则（如采集规则、加工规则、指标规则、质检规则、安全规则等），供数据采集、数据交换、数据转换融合、数据质量检测、数据脱敏等数据服务使用，保证数据流转过程中业务规则的快速引用，实现业务规范与数据服务的深度融合。业务规范与数据服务融合功能图如图 7-5 所示。

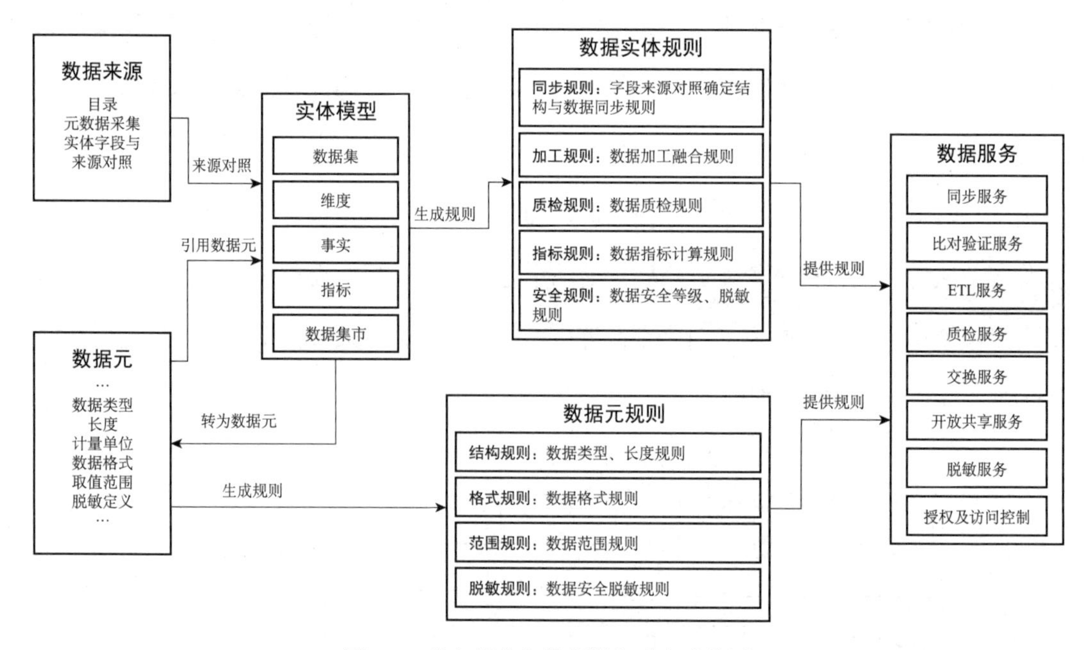

图 7-5　业务规范与数据服务融合功能图

7.1　功能架构

一体化大数据平台可以实现统一架构、统一管理、统一元数据，实现数据集成、数据交换、数据固化、数据治理到数据应用落地、数据共享、数据上链等过程。一体化大数据平台功能架构图如图 7-6 所示，主要由数据管理、业务规范管理、数据汇聚与处理、数据交换与共享开放等部分组成。

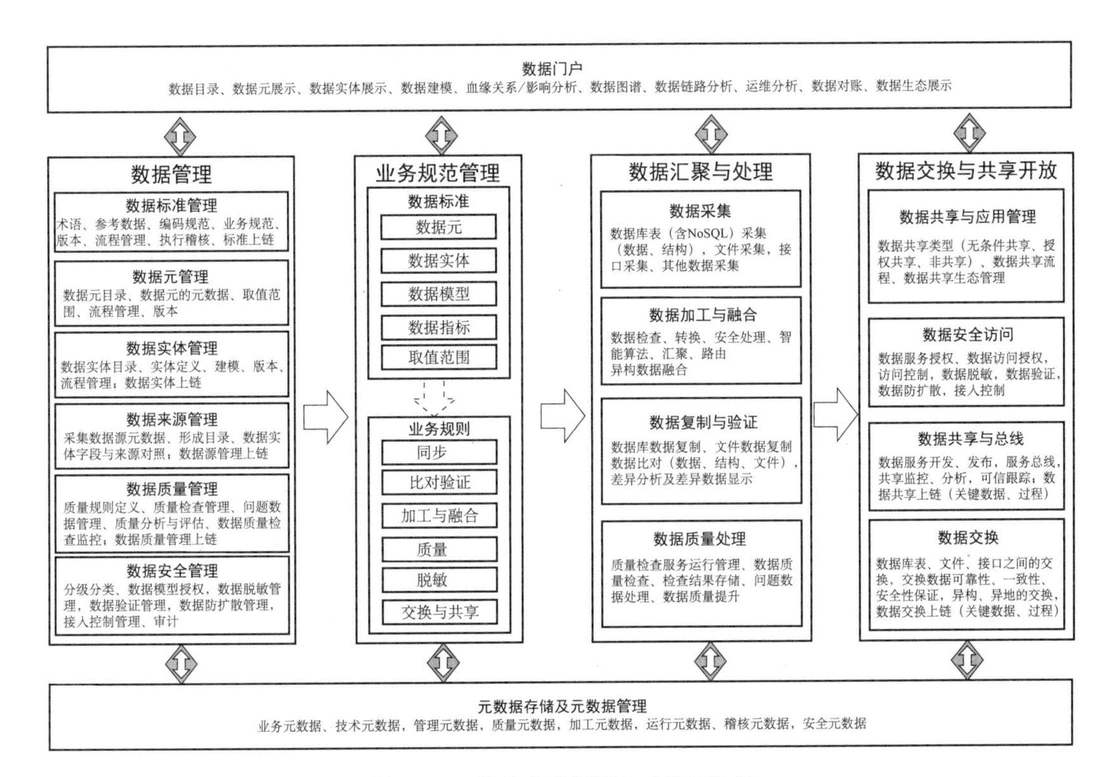

图 7-6　一体化大数据平台功能架构图

7.1.1　数据管理

数据管理实现了对数据全生命周期、全流程的大数据治理，内置数据标准管理、数据元管理、数据实体管理、数据来源管理、数据质量管理、数据安全管理等数据管理组件，实现包含数据标准、业务规则的业务规范管理，解决了数据标准不统一、数据不规范等问题。

7.1.2　业务规范管理

业务规范管理包括对数据标准和业务规则的管理。数据标准包括数据元、数据实体、数据模型、数据指标、取值范围等。业务规则是用来指导数据处理的规则，以数据标准为基础生成同步、比对验证、加工与融合、质量、脱敏、交换与共享等业务规则，通过可视化配置和智能化运维极大地降低了项目的实施运维风险和总体成本，实现了业务规范、业务规则、数据服务的深度融合。

7.1.3 数据汇聚与处理

数据汇聚与处理负责异构、异地的多源数据的采集、融合、加工、清洗、质量检查等处理，实现内外部系统的结构化数据、半结构化数据、非结构化数据等不同类型、不同时效的数据复制与整合。采用了数据复制、数据整合处理、数据加工、数据清洗、质量检查、比对验证、数据传输、消息队列等数据来源处理等技术，支持全量、增量、实时的数据处理，基于数据流处理技术，处理在数据流引擎中进行，以减轻对数据源和目标的影响；提供统一加工服务实现数据库、数据仓库、NoSQL、搜索引擎、文件、XML、Web Service、传输队列、适配器、内存表、JSON 等之间的相互交换；通过工具进行可视化配置；使用拖拉等操作，进行异构数据之间的转换、加工、映射规则。

7.1.4 数据交换与共享开放

数据交换与共享开放提供统一的服务实现数据交换、传输、共享等一体化处理，解决数据孤岛、数据堵塞、数据不一致等问题，打通各信息系统间的数据孤岛，实现组织各信息系统、政府部门、企业等数据互联互通、业务协同、数据共享。提供端到端的数据交换服务，内置智能路由和数据传感器等技术，解决跨网段情况下的数据可靠交换，保证了跨网段交换的数据一致性、避免了数据丢失、数据堵塞等问题；提供数据整合服务，实现异构数据的融合，满足数据转换、逻辑处理、数据质量保证、数据计算等功能需要；提供安全可管理的数据服务总线，实现数据安全共享；提供基于数据流的加工能力，在数据流中实现数据转换、逻辑处理、数据路由，避免对信息系统的影响，以服务为单位保证数据的事务完整性。

7.1.5　数据门户

数据门户是产品成果的输出，提供全景化、动态化、图形化的数据资源展示、定位与获取功能，通过数据可视化手段帮助用户直观的了解数据，有效解决数据沼泽问题。建立完整的数据治理评估服务，通过一系列评估指标，依据数据质量稽核结果，持续跟踪数据质量改进情况，有效保证各信息系统数据质量的持续提升。主要包括数据目录、数据元展示、数据实体展示、血缘关系 / 影响分析、数据图谱、数据链路分析、运维分析、数据对账、数据生态展示等功能。

7.2　技术架构

一体化大数据平台提供统一运行支撑作为数据采集、数据同步、数据交换、数据治理、数据共享、数据上链等任务的运行容器，支持分布式部署。平台基于SOA 的插座式架构，内置服务管理、流程管理、数据加密、调度引擎、日志管理、规则引擎等，可相互之间协同运行，作为一个整体方便各种数据交换服务、加工服务、质量处理服务、传输服务等作为插件插入到系统中。具有统一的元数据管理引擎，方便数据服务平台元数据的管理；内置数据加工、转换、清洗、质量检查等规则组件，数据在数据采集、同步、交换、治理、共享等数据流转各环节均支持基于内存进行数据过滤、数据加工转换、数据校验、数据质量检查、数据上链等处理。平台基于可视化配置工具实现异构、异地数据采集、交换、加工、清洗、质量检查等规则的配置；各信息系统的数据采集、交换、共享、治理、区块链等过程可实现可视化管理和监控，不需进行任何脚本开发等额外工作。一体化数据平台技术架构图如图 7-7 所示。

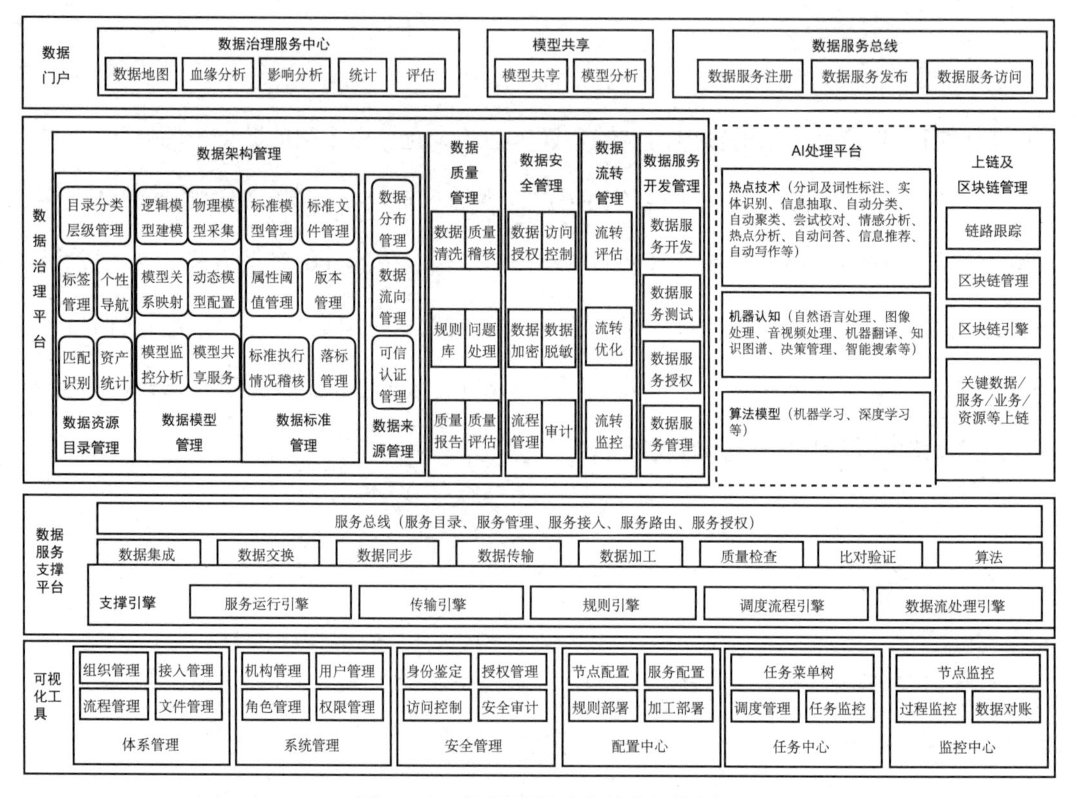

图 7-7　一体化数据平台技术架构图

（1）一体化大数据平台提供数据治理功能，内置数据架构管理、数据来源管理、数据质量管理、数据安全管理等数据管理组件，建立统一的业务规范，包含数据元、取值范围等数据标准，数据加工、质量处理、脱敏、交换共享等业务规则，以业务规范为基础生成数据采集、交换、加工、融合、质量处理、脱敏、开放共享等服务，通过可视化配置和智能化运维极大地降低了项目的实施运维风险和总体成本。

（2）一体化大数据平台提供数据开放共享功能，内置数据服务总线，服务总线是服务的对外开放门户，提供统一数据服务、接口接入规范，可对各信息系统的接口进行统一管理，在此基础上可实现各信息系统之间数据的有效整合；提供面向各信息系统的数据共享及共享流程管理，保障各信息系统与政府部门、其他机构、企业、院所等之间进行数据互通和业务交互。

（3）一体化大数据平台提供区块链管理及处理功能，支持通过可视化配置工具实现信息资源（部门、节点、数据库等）、服务（服务配置、服务共享、关键运行日志）、关键业务（库表数据、文件数据、接口数据）等的上链功能。主要包括数据上链、可信数据联邦、可信数据服务、可信数据交换共享、可信数据管理、可信数据质量管理、可信数据安全、可信数据生态等功能，保证数据交换、集成、融合、治理、利用等过程均在可信环境下进行，全过程公开透明。

7.2.1　可视化数据服务管理

一体化大数据平台提供可视化工具以方便数据服务管理，支持数据服务集中管控，主要包括配置管理、任务管理、安全管理、监控管理等。

（1）配置管理指在同一个配置工具内，可视化实现数据节点管理、交换服务建模、数据加工建模、共享服务建模、数据质量管理、服务目录管理、资源目录管理、运行及监控管理等功能。通过相应类型的服务模型，可根据业务需要创建文件传输、ETL、数据交换和处理、数据质量、安全共享、流程等各类服务，并可以根据需要（重用、编辑、安全授权等）进行分类、编码形成服务目录，提供服务创建、编辑、删除、部署、查看等功能。支持按单位、部门、业务分类管理，支持服务模型的一致性检查，支持团队分工协同开发等。

（2）任务管理实现了数据服务平台的任务管理，包括任务菜单树管理、调度管理、任务监控等功能。方便人工交互调度管理，包括运行和终止任务等；调度管理提供任务调度功能，配置定时、文件触发、服务代理调用、分布式调度、文件分类调度等策略。

任务中心实现数据服务和资源目录一体化，可以通过资源目录查找到共享数据服务，经过申请、审批等流程后，通过服务控制中心得到授权的数据服务，进而通过数据服务平台进行数据的交换和共享。

（3）安全管理主要包括安全运行支撑、安全传输、安全的数据访问服务、安全可管理的数据服务总线、用户管理和分级授权、安全的管理和监控等分层级管理。统一的安全管理实现对交换和共享数据的分级授权和访问控制、交换和共享服务的分级授权和访问控制、交换和共享资源目录的分级授权和访问控制、交换和共享服务的安全审计和身份鉴定等。安全管理层级服务图如图 7-8 所示。

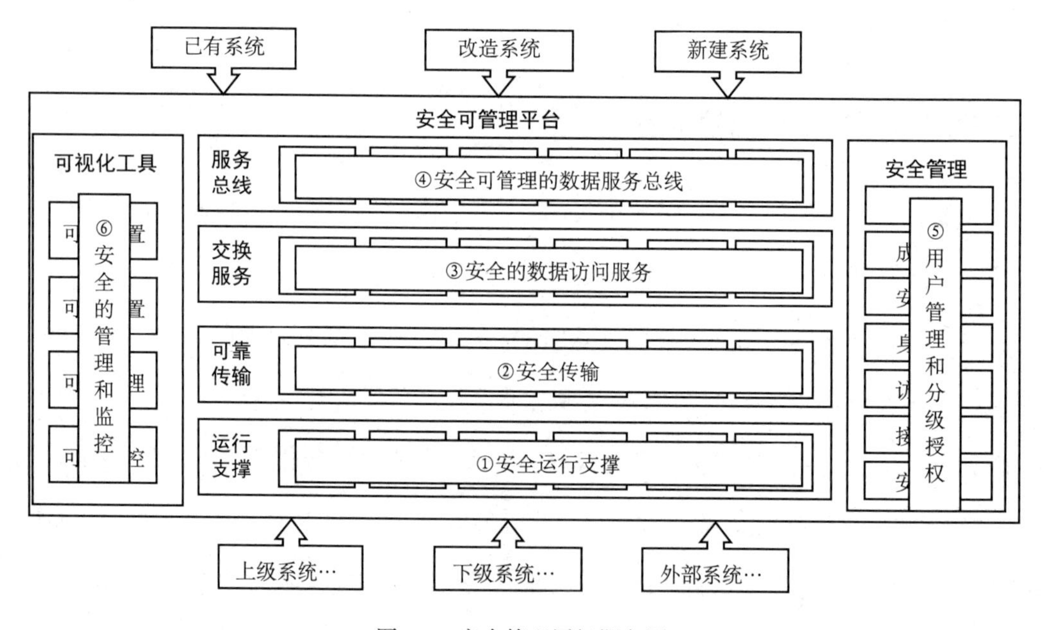

图 7-8　安全管理层级服务图

1）安全运行支撑提供节点管理，创建节点运行环境，在节点启动和运行中检测安全证书。

2）安全传输提供节点之间通信时的证书认证、传输过程中的安全加密，提供安全传输通道，进行安全文件传输。

3）安全的数据访问服务提供数据服务以共享数据，不是直接访问数据源，因此可保护数据源（如数据库、文件等）的安全，提供可视化配置数据服务，包括数据源选择、字段选择、映射、查询条件、字段模糊处理等。

4）安全可管理的数据服务总线提供身份鉴定和访问控制，通过 Web Service 方式、API 方式、事件等方式使用数据服务时，其访问情况将由安全授权来决定。

5）用户管理和分级授权提供权限组管理，以满足不同单位、不同部门的授权需要，由上级组权限定义子组权限范围，提供包括管理员、业务使用者（开发者、使用者）、审计人员等多种权限级别的用户管理；提供分项授权，对运行引擎、数据库连接、交换服务、传输服务、加工服务、流程等进行分项授权，可满足系统级、数据库级、软件功能级、记录级和字段级等多级别的安全控制需要。

6）安全的管理和监控提供完整的审计功能。用户管理审计，对增加或修改权限组和用户的权限操作进行审计；登录审计，审计用户登录次数、失败次数、登录过程；模型配置审计，审计数据库等资源、交换等服务模型定义、项目模型等定义操作；使用审计，审计对资源、服务、流程等内容的部署和使用；运行审计，查看使用者、运行列表、运行过程等。

（4）监控管理对数据服务全流程进行监控管理，主要包括交换节点监控、数据服务运行流程监控、运行统计等。

1）提供监控总览功能，支持通过可视化页面查看平台整体运行情况，在数据中心可通过可视化页面查看数据采集、质量控制、接口使用等任务的运行情况，数据库连通情况，前置库使用情况等信息。

2）支持任务运行状态监控，通过可视化页面可查看指定机构任务运行状态、结束时间、采集数据量、速率、运行详情等信息。支持查询数据服务的状态信息及接口调用的详细信息，可通过节点标识、启动方式、业务类别等选项查询制定周期内数据服务类型、运行节点、任务运行状态、共享量、共享速率等信息；支持服务运行主动告警处理，当服务运行出现异常时会自动产生实时主动告警，并提供主动告警接口。

3）支持任务运行统计功能，可对指定周期内指定运行节点的数据服务运行总数、成功任务数、失败任务数等信息进行统计分析。提供节点运行环境监控，支持通过可视化页面对各前置节点、中心节点所在服务器的内存、CPU、磁盘、JVM 等系统资源使用情况进行实时监控；提供阈值设置，支持通过可视化页面设置告警阈值，当资源使用量超出阈值范围时系统支持主动告警，提供主动告警接口，支持与外部系统、外部监控平台、短信系统、邮件系统等进行主动告警对接。

7.2.2 基于微服务架构的数据服务

一体化大数据平台的数据采集、数据交换、数据加工、数据共享都是以数据服务的方式存在的，最好能够统一建模工具，以快速生成服务模型（交换、传输、整合、数据质量、共享等），实现数据服务松耦合。基于微服务架构的调用，可以实现编排满足不同需要的服务组合、重用、安全调用。微服务是一种架构风格，一个大型的复杂软件应用可由多个微服务组成。系统中的各个微服务可被独立部署，各个微服务之间是松耦合的，每个微服务仅关注一件任务并能很好地完成该任务，而每个任务代表着一个小的业务能力。比如各种类型的数据交换及其处理都是以微服务的方式存在并插入到平台架构上的。大数据服务平台为每个服务提供了良好的服务管理和运行环境，主要包括服务运行节点、集中管控、统一服务接入，实现服务提供、服务使用、服务运维等功能。微服务架构图如图 7-9 所示。

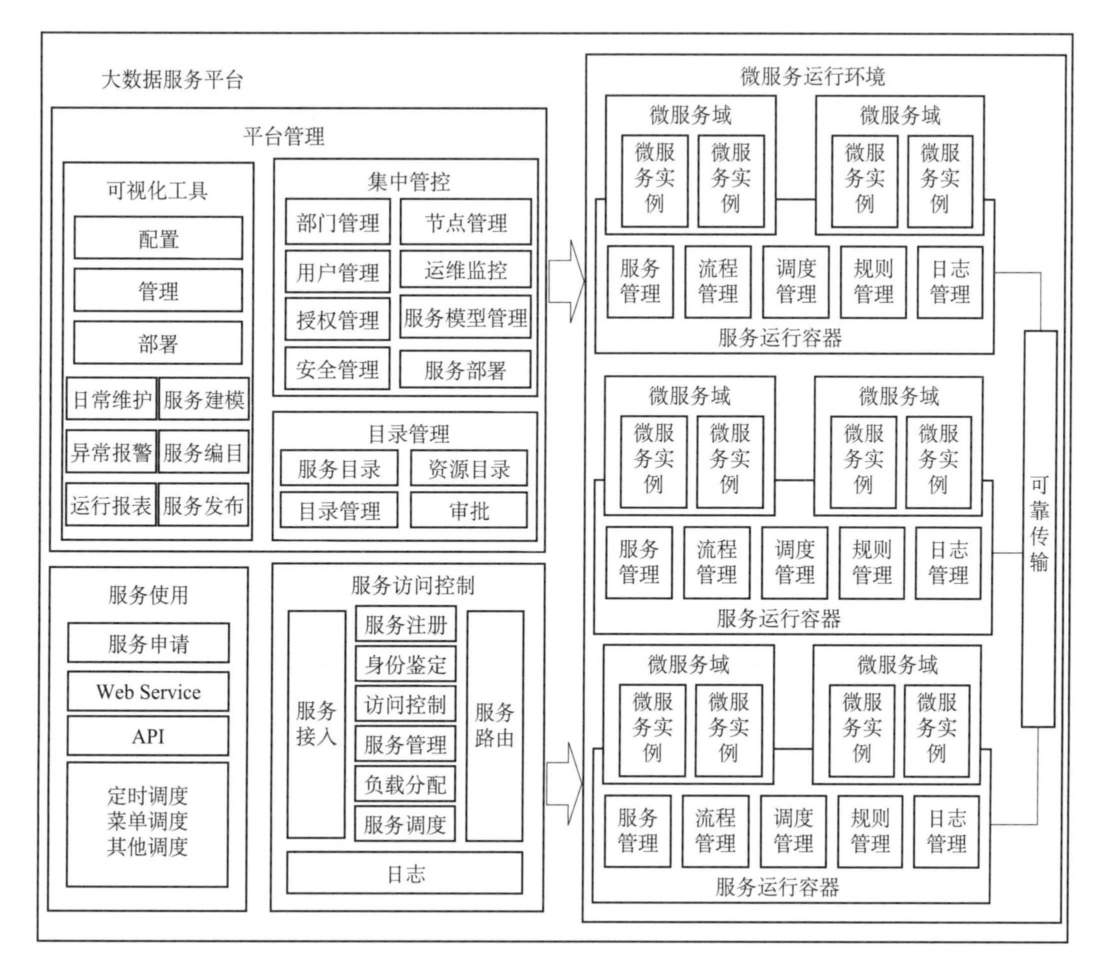

图 7-9　微服务架构图

（1）运行节点是大数据服务的运行环境，主要包括数据服务运行容器和运行之上的各种类型的服务。服务管理、流程管理、调度管理、规则管理、日志管理等共同组成了数据服务的运行容器。

（2）集中管控是大数据服务的安全管理中心，包括用户管理、分级授权、安全审计、服务配置、服务部署、运维监控等。

（3）统一服务接入是大数据服务的统一调用接口，包括服务访问控制、服务流量控制、服务注册、身份鉴定、服务管理、服务调度、服务路由、服务负载分配等。

为数据服务提供者提供可视化工具以方便服务建模，支持通过拖拉等方式定义服务；提供服务授权、服务部署、服务发布等功能。为服务的使用者提供多样的安全使用服务，既可以通过定义定时调度、菜单调度、事件调度等多种服务调度进行使用，也可以通过服务调用接口如 Web Service、API 等方式使用服务。

基于数据服务平台，工作人员通过可视化管理工具，经过拖拉等操作，可以可视化配置出数据采集、数据交换、数据加工、数据共享等服务；并方便大数据平台服务运维，包括日常维护、异常报警、提供运行报表等功能。

7.2.3 调度服务

一体化大数据平台的调度服务一般由可视化配置及监控、调度规则管理及运行监控服务、调度策略服务、流程调度服务、数据总线调度服务等组成。

（1）调度规则管理及运行监控服务实现了对平台调度功能的集中管理，包括配置管理、运行监控、规则管理。配置管理实现了对任务配置、任务调度策略、人工干预任务的响应等。规则管理实现了对调度规则的管理，可以以 XML 的形式对外开放。监控服务通过和调度管理交互实现调度任务配置、调度策略定义、调度运行监控等。在同一个工具内，工作人员可以可视化地实现数据节点管理、数据服务配置、服务目录管理、运行及监控管理等。支持统一的数据交换及整合服务，实现数据库、文件、XML、传输队列、适配器等之间的相互交换。

（2）调度策略服务实现了调度策略的管理，包括基于菜单的交互调用、定时调用、文件触发调用、文件分类调用、接口文件 / 接口表调用、分布式调用等。任务调度菜单可实现交互调用，包括发起和终止任务等；可以定时调用任务，可文件触发调用，可文件分类调用，监控给定文件夹，根据给定条件对文件夹下的文件分类调用不同的服务，同时将文件名等信息传递给被调用的服务使用；可通过定义接口文件/接口表调用，根据接口文件或者接口表的内容调用服务，同时将接口文件或者接口表中的数据以变量的方式传递给被调用的服务；可提供多种分布式调用策略，包括服务代理调用、文件传输前后处理调用、通讯队列绑定调用等；可通过定义文件传输前后处理调用，定义发送方文件发送前处理调用、文件发送完成后处理调用，定义文件传输接收方接收前处理调用、文件接收完成后处理调用，以方便文件传输和处理联动等。

（3）流程调度服务主要为了满足复杂调度策略，将要调度的服务（可以位于不同的交换节点上）组成流程，运行时按照给定的规则执行，支持并行处理、顺序执行、条件处理、意外处理等，流程本身也可以作为另一个流程的处理节点，方便实现流程的嵌套。其中，并行处理指多个处理任务可以放到一个并行组中，组中的所有任务处理完成后再调用流程的下一个节点执行，并行处理既可以让组中的所有任务并行运行，也可以根据硬件、网络等情况指定处理并发数。当流程运行出现意外时，可选择补偿运行、断点续运行、间隔检查运行等处理方式。

（4）数据总线调度服务利用数据服务总线作为调度总线使用，实现数据服务的安全可控访问，调用方可以通过URL、API等方式通过服务总线调用服务。集成调用服务包括被调用的数据交换和数据整合服务、数据传输与加工服务、数据复制与验证服务、数据检查服务，如Shell脚本调用、SQL调用、调用URL等。操作系统的Shell脚本调用服务可实现对于数据库的操作系统级的Shell命令调用，提供安全策略以保护用户名和密码等敏感信息；提供SQL调度服务实现对SQL语句、存储过程、SQL函数的调用功能；支持URL调度服务等。数据总线调度服务功能图如图7-10所示。

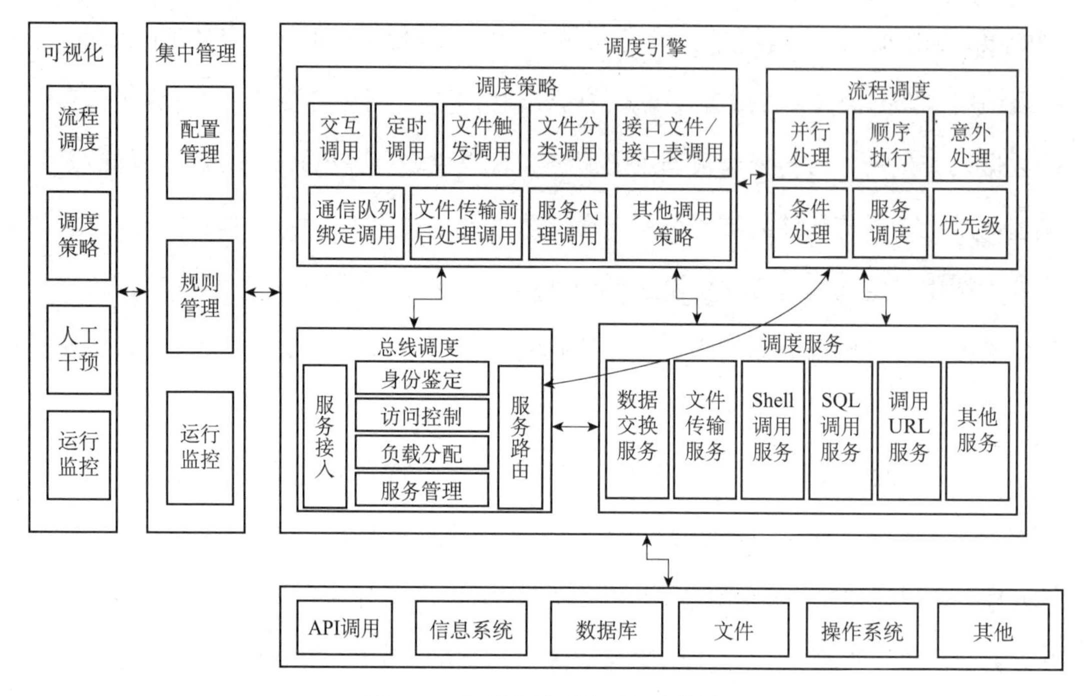

图 7-10　数据总线调度服务功能图

7.3　数据资产管理可视化

一体化大数据平台构建数据资产管理体系，通过数据资产管理可将数据规范管理和数据处理有机融合，实现对具体资源数据的元数据描述，支持利用标准化数据接口以及形式丰富的图表展示工具快速定制各类数据资产应用，通过配合数据资产的全面评估，逐步实现数据资产的规范能力。数据资产管理可视化功能图如图 7-11 所示。

基于元数据全方位画像的数据资产管理，实现了数据全生命周期的管理与监控、全流程记录的追本溯源、全景式的资产可视化，提供数据资产全场景视图，以满足不同用户的应用场景需求，既有全局规划的管理者，也有关注细节定义的使用者，还有加工、运维的开发者，提供多层次的图形化展示，满足应用场景的图形查询和辅助分析。

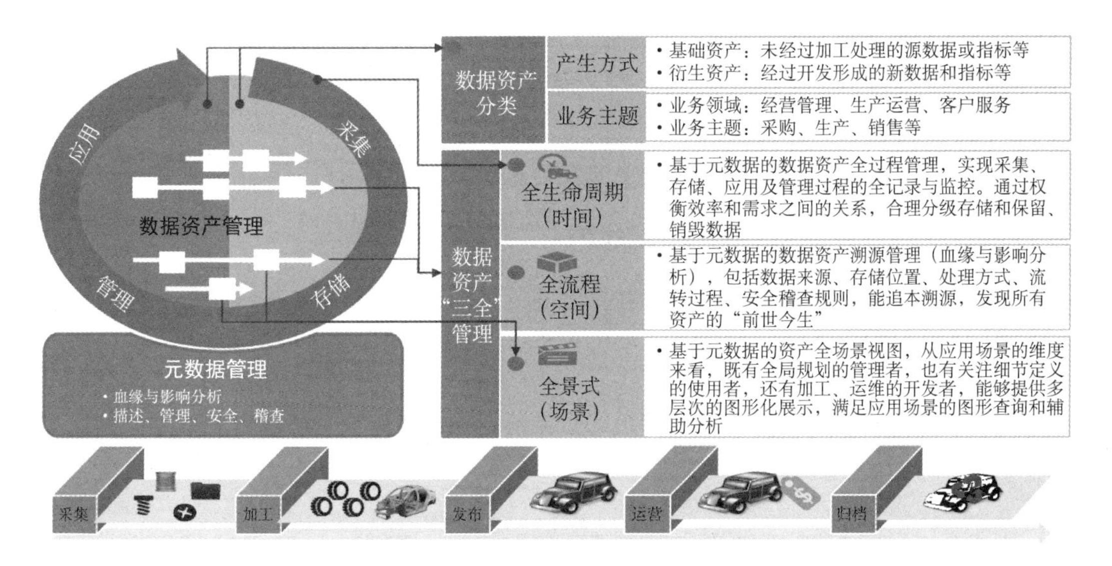

图 7-11　数据资产管理可视化功能图

数据资产管理可视化实现"逻辑统一、物理分散"的数据管理方式，对进入数据资源池的数据进行分类和维度属性的标注，使数据能够做到归根溯源，便于使用和统计分析。数据目录所管理的元数据属性包含九类。

（1）基本属性，描述数据的基本属性和区别的标志。如：标识、格式、大小、单位、分类（性质、领域、业务层次）、代码。

（2）维度属性，描述数据从属的基本维度，作为统计分析和其他利用的基础。如：空间、时间、数据所属的业务领域。

（3）位置属性：数据存储的环境和位置信息。如：存储的物理环境（能够定位数据位置的全部信息）。

（4）生产属性，描述数据的产生过程及相关信息。如：来源（单位、系统）、产生/采集时间、来源类型（融合/原始）。

（5）版本属性，包括数据更新和变化过程的描述。如：各版本、更新频率、更新日志、更新者描述、更新时间。

（6）安全属性，描述数据存储、管理及服务的安全属性。如：安全级别、开放等级、服务范围。

（7）利用属性，提供记录服务记录属性信息。如：利用用户、利用方式（推送、订阅、热点、场景、检索）、应用场景描述。

（8）关系属性，可以建立及记录数据之间的关系，并以当前数据为基准，建立多层次数据图谱。

（9）价值属性，建立具有行业特色的数据价值模型，定义并不断更新数据的价值和利用频率。

实现数据资产的“三全”管理：全生命周期管理、全流程管理、全景式管理。

（1）按照“时间”维度实现数据资产的全生命周期管理：基于元数据的数据资产全过程管理，实现采集、存储、应用及管理过程的全记录与监控。通过权衡效率和需求之间的关系，合理分级存储和保留、销毁数据。

（2）按照“空间”维度实现数据资产的全流程管理：基于元数据的数据资产溯源管理（血缘与影响分析），包括数据来源、存储位置、处理方式、流转过程、安全稽查规则，能追本溯源，发现所有资产的“前世今生”。

（3）按照“应用场景”维度的全景式管理：基于元数据的资产全场景视图，从应用场景的维度来看，既有全局规划的管理者，也有关注细节定义的使用者，还有加工、运维的开发者，能够提供多层次的图形化展示，满足应用场景的图形查询和辅助分析。

数据资产管理可视化提供全景化、多维化、动态化的数据资源展示、定位与获取服务；并建立相应的评估指标以提供评估服务，持续跟踪质量改进情况，支撑组织数据质量的整体提升。

7.4　数据实体展示

数据实体展示依托数据资源目录，提供数据标准、数据实体、数据来源、数据质量管理规则、数据安全等数据资源信息的全景展示，提供数据资源的便捷检索、定位与获取，实现数据资源的全景化、动态化、可视化展示，同时提供基于数据流向的数据血缘与影响分析服务，供外部信息系统的用户进行可视化分析。

7.5　数据字典

数据字典以数据资源目录为结构导图，提供包含数据标准、数据质量管理规则、可信数据源等信息的检索与展示服务。数据字典包含目录和内容两个部分。

数据字典的目录结构为数据资源目录的各个层级形成的树形结构，用户可以通过展开数据字典目录树，来选择浏览的数据资源内容，也可以直接通过搜索功能，快速定位到指定数据资源进行浏览。用户在数据字典目录中点击查看某数据实体时，在数据字典内容中展示该实体的数据模型的相关内容；用户在数据字典目录中点击查看某数据实体的属性时，在数据字典内容中展示该属性的数据标准、数据质量管理规则、可信数据源、数据安全管理规则等内容。

7.6　数据图谱

数据图谱提供数据资源（实体与属性）在不同视角下的全景分布视图，默认展示信息系统维度下的数据地图，用户可以自行切换其他维度，如主题域维度和部门维度。数据地图可以展示属于该维度下的所有数据实体列表，并可以下钻查看该实体的属性字段以及属性字段的各项内容信息；在信息系统维度，用户还可以选择特定数据实体的属性字段，来查看该属性字段的在信息系统的分布情况。利用技术数据视图可以实现基础业务数据标准和规范的展示及统一管理，包括数据视图的注册、发布、申请、审核等管理，提供给其他用户使用。

7.7 血缘及影响关系分析

元数据管理在功能层包装成各类元数据功能，并对外提供应用及展现，血缘及影响关系分析则方便数据的跟踪和回溯。血缘及影响关系分析提供数据在业务中的流向、数据在系统间的流向以及数据的可信数据源信息，并形成数据的流向地图。数据血缘关系可实现对数据的追踪溯源，通过选定指定表进行数据追踪溯源操作，以实现对数据来源的分析；关联关系分析功能，可实现数据流向分析，通过选定指定表进行数据流向分析，以实现对数据源数据具体流向的分析与统计。血缘分析关注数据在信息系统间的流转，通过可视化的方式来展示数据源之间的相互影响，可用于数据溯源和评估数据价值，也可以作为数据归档的参考依据。通过在数据字典中查看某数据实体的特定属性字段，并选择血缘分析，即可查看该属性字段的血缘关系，用带箭头的链路来标识出该属性字段在所分布的系统间的流向，并标识出可信数据源。

第 8 章　一体化大数据平台 + 区块链

一体化大数据平台实现组织数据的资产化处理，将数据做业务化封装或者重构，以交换、共享、开放等方式提供面向业务的数据服务，支撑前后端业务快速创新，实现数据资产的增值，实现组织的数据集中、融合、共享及流转，实现数据业务化、数据资产化，保证数据的安全和质量，加快业务数据流转效率，提升数据价值。

数据资产化要完善数据实体（人、财、物、事等），使其具有元数据、标准、模型、标签、质量、安全等属性，方便数据的管理和增值。数据资产服务化是数据服务基于大数据平台实现数据的业务化封装或者重构，以服务的方式给前后台业务系统、接入终端等提供安全可控的数据。通过提供多种方式实现数据服务价值化，这就为区块链的落地提供了可能。

8.1　区块链的概念

区块链起初是比特币的一个重要概念，是一个去中心化的分布式数据库（存储系统），作为比特币的底层技术，区块链是一串使用密码学方法相关联产生的数据块，每一个数据块包含了一批次比特币网络交易的信息，用于验证其信息的有效性（防伪）和生成下一个区块。比特币依靠特定的算法，通过大量的计算得以产生，使用整个 peer to peer 网络（P2P）的众多节点构成的分布式数据库来确认并记录所有的交易行为，并使用密码学设计来确保比特币流通各个环节的安全性。

从科技层面来看，区块链涉及数学、密码学、互联网和计算机编程等科学技术。从应用视角来看，区块链是一个分布式的共享账本和存储系统，具有去中心化、不可篡改、全程留痕、可以追溯、集体维护、公开透明等特点。这些特点保证了区块链的“诚实”与“透明”，为区块链创造信任奠定了基础。而区块链丰富的应用场景，基本上都基于区块链能够解决信息不对称问题，实现多个主体之间的协作信任与一致行动。

区块链的基本特征：

（1）去中心化，多中心化。由于区块链使用分布式核算和存储，可共享交易账本，因此不存在中心化的硬件或管理机构，任意节点的权利和义务都是均等的，系统中的数据块由整个系统中具有维护功能的节点来共同维护。

（2）开放性。基于平台实现跨节点的开放性，除了交易各方的私有信息被加密外，区块链的数据对所有人公开，任何人都可以通过公开的接口查询区块链数据和开发相关应用，因此整个系统的信息高度透明。

（3）自治性。区块链的交易条件和状态是内嵌的，不需要人为干预，采用基于协商一致的规范和协议（比如一套公开透明的算法）使得整个系统中的所有节点能够在去信任的环境下进行自由安全的数据交换，使得对“人”的信任改成对机器的信任，任何人为的干预都不起作用。

（4）信息不可篡改。设置共识协议规范，在验证和可信条件下进行交易，一旦信息经过验证并添加至区块链，就会永久的存储起来，除非能够同时控制系统中超过 51% 的节点，否则单个节点上对数据库的修改是无效的，因此区块链的数据稳定性和可靠性极高。

（5）匿名性。由于节点之间的交换遵循固定的算法（合约），其数据交互过程是无须信任的（区块链中的程序规则会自行判断活动是否有效），因此交易对手无须通过公开身份的方式让对方对自己产生信任，对信用的累积非常有帮助。

区块链是分布式数据存储、点对点传输、共识机制、加密算法等计算机技术的新型应用模式，具有透明、不可篡改、冗余和安全等特点。区块是一个个存储单元，记录了一定时间内各个区块节点的全部交流信息，各个区块之间通过随机散列（也称哈希算法）等方式实现链接，后一个区块包含前一个区块的哈希值，随着信息交流的扩大，区块与区块相继接续，形成的结果就是区块链。在数字经济时代，人们越来越多地使用数据、数字化商品和数字化资产，区块链为其共享、流通和交易的信任和安全机制提供了一种有效的解决方案。促进基于区块链的应用模式创新，注重基础设施中的“区块链”能力嵌入，特别是在大数据基础设施中。

8.2　区块链的功能架构

区块链的核心技术涉及密码学原理、共识机制、分布式存储和智能合约。智能合约就是能够自动执行合约条款的程序，即一个预先编好的程序代码，对从外部获得的数据信息进行识别和判断，当程序设定的条件满足时，随即触发系统自动执行相应的合约条款，以此完成交易和智能资产的转移。基于大数据服务实现数据的可靠流通，根据智能合约的约定，当条件满足时，通过安全可管理的数据服务总线调用数据流通服务，并记录相关账单。安全可管理的数据服务总线实现对数据服务的管理，这样就真正实现了区块链的落地。

数据区块链的功能架构包括可信应用上链、区块链处理和区块链管理。数据区块链的功能架构图如图 8-1 所示。

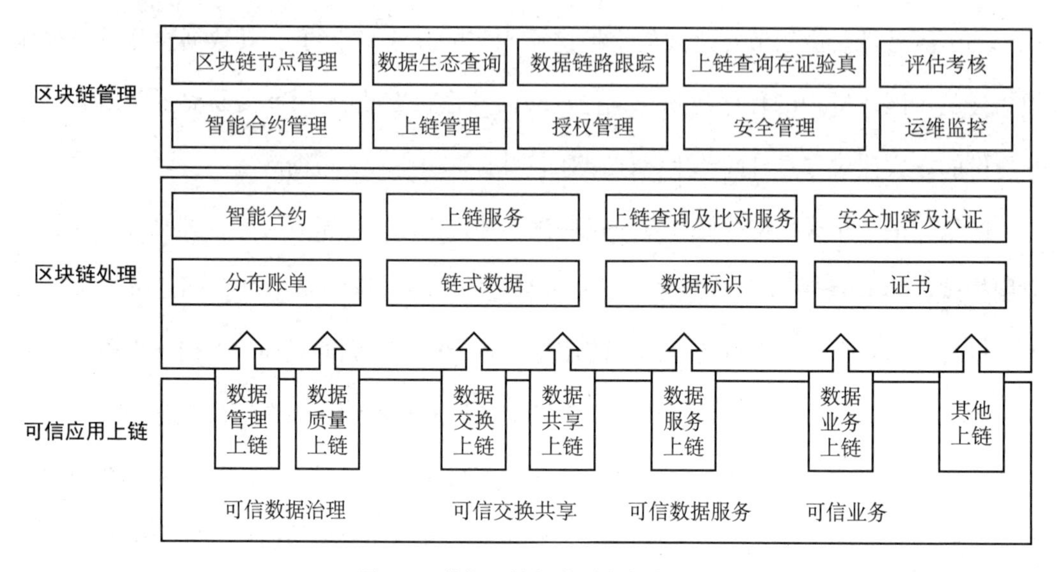

图 8-1　数据区块链的功能架构图

（1）区块链管理提供统一的可视化配置工具来实现区块链节点管理、数据生态查询、数据链路跟踪、上链查询存证验真、评估考核、智能合约管理、上链管理、授权管理、安全管理及运维监控等功能。

（2）区块链处理提供智能合约、上链服务、上链查询及比对服务、安全加密及认证、分布账单、链式数据、数据标识、证书等功能，实现数据上链过程处理、存证验真、区块链存储等处理，为区块链管理提供支撑。

（3）可信应用上链基于区块链管理和区块链处理，对外提供多种上链服务，支持在采集、交换、治理、共享等各环节进行信息上链、存证验真、链路跟踪等操作，保证上链过程与数据采集、交换、治理、共享各模块深度融合。

8.3　数据区块链部署架构

区块链节点部署，支持去中心化、分布式部署；支持云环境部署架构；支持容器

化 / 非容器化部署；支持数据上链、存证验真、链路跟踪、形成数据生态等处理，保证数据采集 / 交换 / 加工等数据流转、数据治理、开放共享等过程留痕，全程可追溯且公开透明。区块链部署架构图如图 8-2 所示。

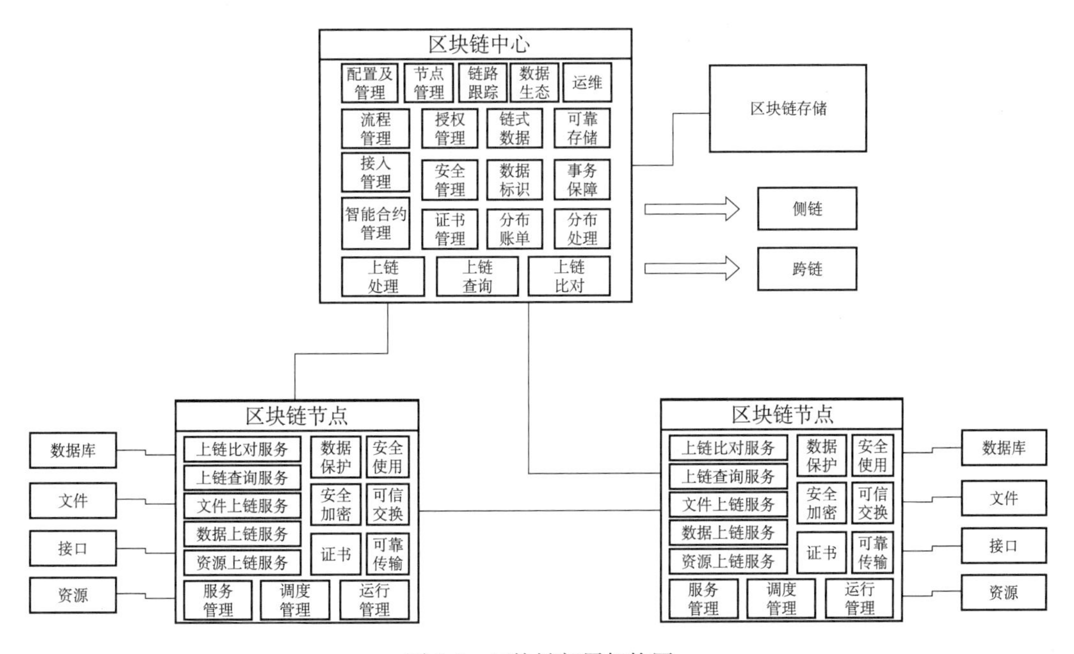

图 8-2　区块链部署架构图

以医疗行业跨医院（也可能跨地区）的个人电子病历查询（基于区块链实现跨院电子病历查询）为例，说明区块链与中心节点、医院端节点、中心库之间的关系。医院端前置节点通过交换数据上链模块实时或者准实时地将个人电子病历数据账单上传到区块链，该数据账单记录了电子病历查询地址及相关约定。

在查询个人电子病历时，既能通过中心查找个人历史电子病历，也可以通过区块链的个人电子病历数据账单获得个人电子病历查询地址，根据地址得到医院的前置节点，通过前置节点的上链数据查询模块查询到当天保存在医院的电子病历信息，实现了跨区域、跨医院的病历信息查询。区块链个人电子病历查询部署图如图 8-3 所示。

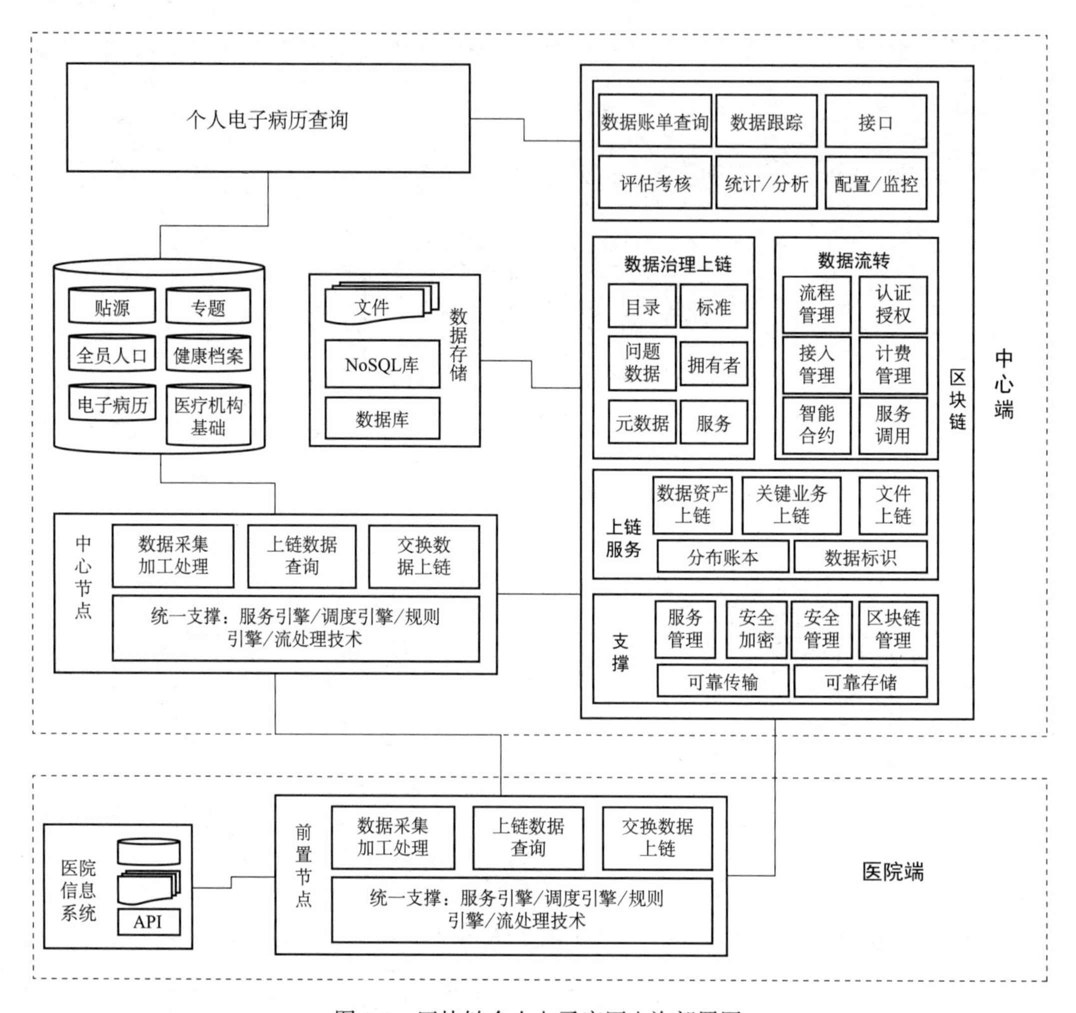

图 8-3　区块链个人电子病历查询部署图

8.4　数据上链方式

数据上链方式有多种，如下：

（1）支持数据提供者、数据审批者、数据使用者之间的数据管理流程上链，注册、审核、发布、申请、审批过程上链留痕，审批通过后提供智能合约，约定数据开放共享方式（无条件开放、有条件开放、隐私开放）和调用服务策略，便于用户安全可控地使用数据。区块链数据共享流程图如图 8-4 所示。

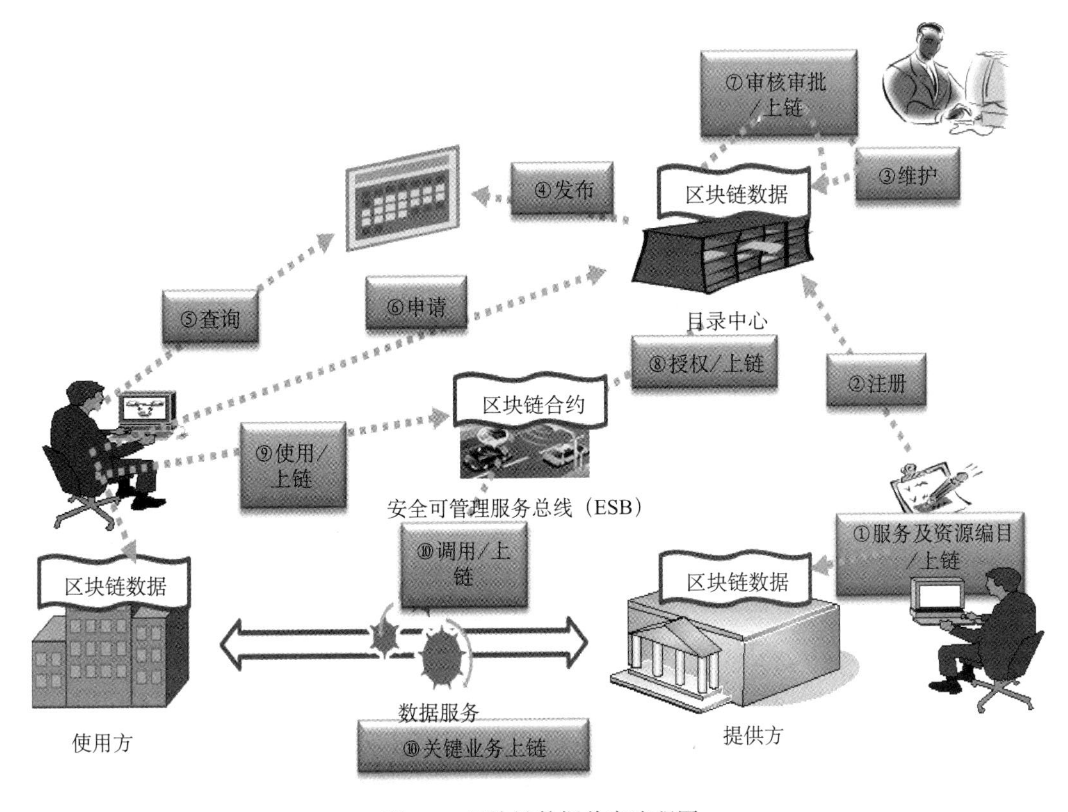

图 8-4　区块链数据共享流程图

（2）数据流转运行关键日志上链，运行过程留痕，方便跟踪回溯验证，进行关键节点查看等，以防遗漏。

（3）对于重要的数据可以使用数据唯一标识、数据特征（也叫数据手印）等上链，便于数据使用跟踪和数据验真，适用于数据采集、数据交换、数据开放与共享。如果进行数据采集，则提供方是分支端，接收方是中心；如果进行数据交换，提供方可以是中心，也可以是分支端，接收方也可以是中心或者另一个分支端。数据唯一标识的上下链流程图如图 8-5 所示。

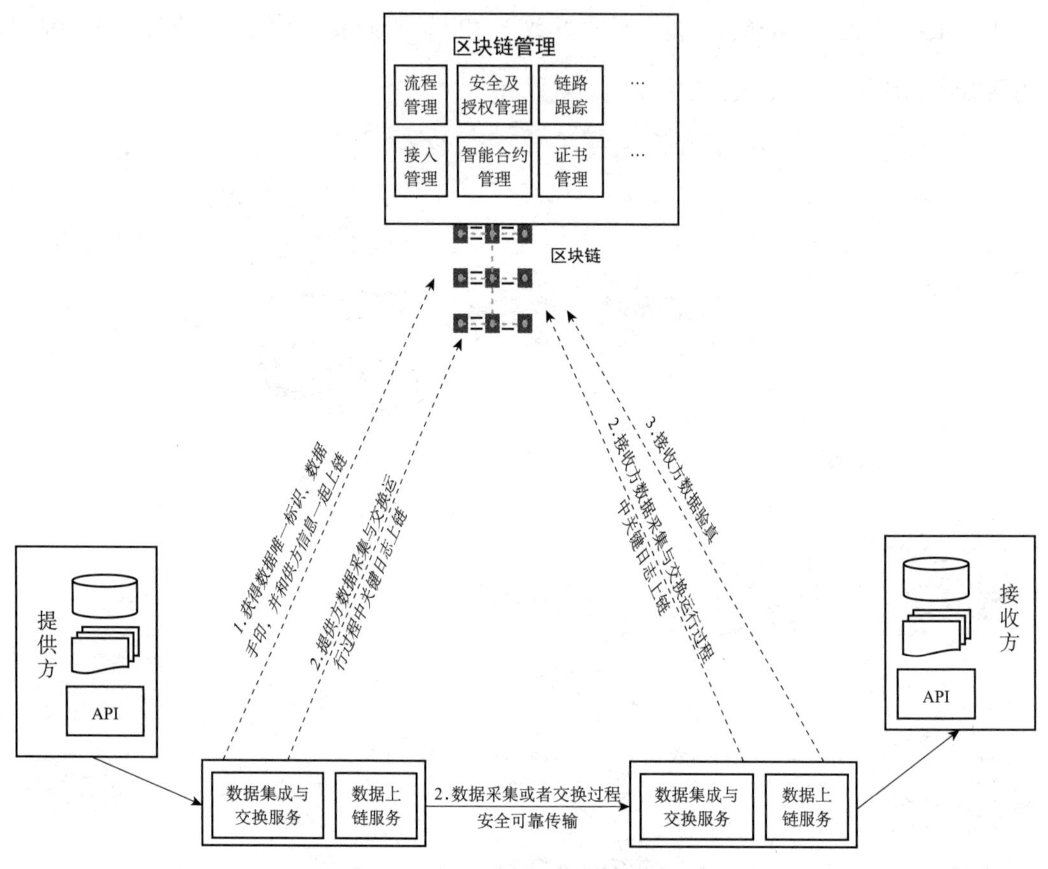

图 8-5　数据唯一标识的上下链流程图

对数据库表、文件、接口等数据源中的数据进行上链处理，上链操作会自动为所需上链的数据生成数据唯一标识并进行数据存证，便于进行已上链数据的数据验真操作。上链后的数据存证既可存储于分布式区块链节点中，也可装载至NoSQL、关系型数据库等数据源中。支持数据共享交换与数据上链一体化处理，支持在数据交换、数据加工、数据检查过程中进行数据上链处理。在数据交换、流转过程中，平台节点从源方抽取数据后即可在内存中进行上链、加密、共识、存证等操作。

（4）对于隐私等敏感数据可以用公钥加密后上传到区块链，当需要时从区块链下链数据，用私钥解密还原数据以供使用，该公私钥对是由中心提供的。对于数据量大的情况，使用私有格式的数据文件作为中间数据载体，通过加密和解密、上链和下链该文件，实现基于区块链的数据交换。这种方式适合对隐私数据的采集、交换、共享与开放。隐私等敏感数据上下链流程图如图 8-6 所示。

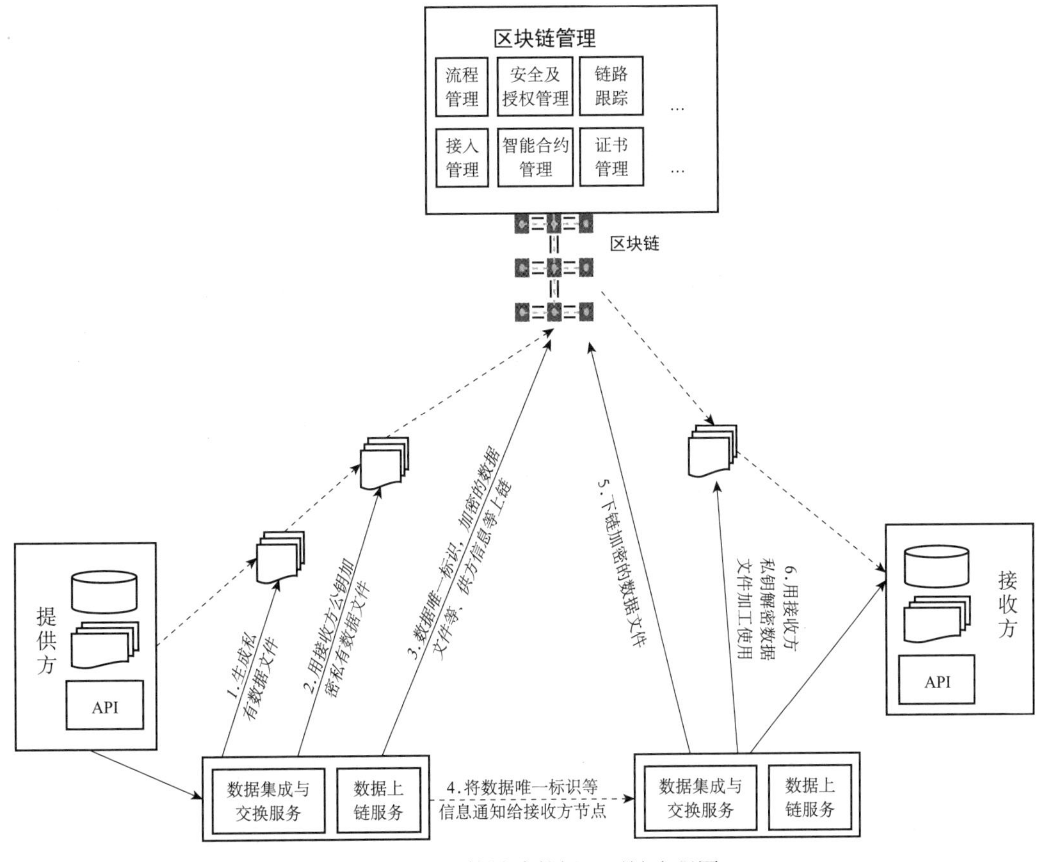

图 8-6　隐私等敏感数据上下链流程图

（5）数据服务上链并使用，数据提供方提供数据服务上链，数据使用方从链上获得数据服务访问方式，通过数据服务总线调用数据服务获得数据。这种方式比较适合数据交换，如个人病历等信息的实时数据访问、病人信息实时共享等。数据服务上下链流程图如图 8-7 所示。

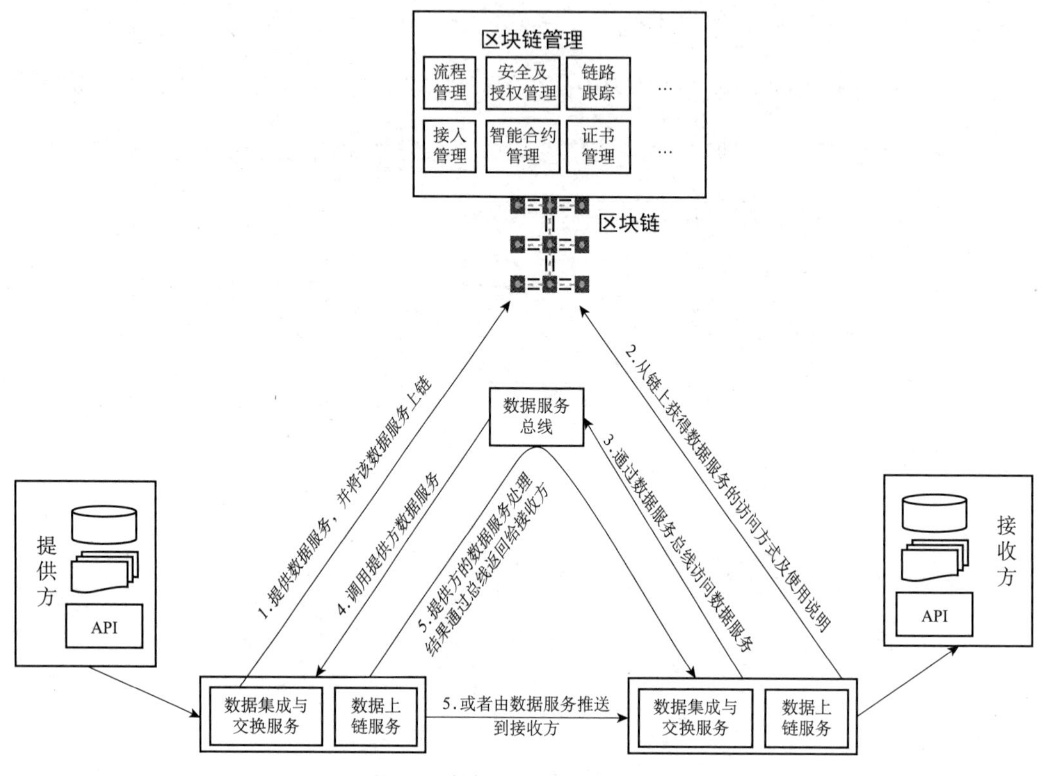

图 8-7　数据服务上下链流程图

（6）提供数据生态（提供方和使用方相关流程过程，包括数据使用、数据效果等，通过多方共识，降低操作难度，通过多方可信参与，提升数据价值，形成数据生态）上链，能全面了解数据提供、数据审批、数据使用的过程、状态变化及验真，既能了解数据提供和使用对账等信息，也能了解数据本身的使用情况，进行数据验真等。

区块链管理在数据采集、数据交换、数据治理、数据开放与共享等各个阶段，进行信息上链、存证验真等处理，可与数据采集、交换、治理、共享各模块深度融合。支持数据目录、数据标准、元数据、数据源、数据模型、节点信息、数据服务配置、数据落标情况等上链；数据源和检查结果存储、质量规则、质量检查服务、问题数据、问题数据管理、质量评估等均可上链，确认无误后添加电子签名，之后再广播得到全网共识进行存证。数据服务上链方式见表 8-1。

表 8-1 数据服务上链方式

数据采集	数据交换	数据治理	数据开放与共享
1）数据采集运行关键日志上链，过程留痕，方便跟踪回溯验证。 2）通过数据标识和数据特征值（也叫数据手印）上链，方便数据使用跟踪、验真和防篡改。 3）对于隐私等敏感数据或文件通过中心提供的公钥加密后安全上链，中心将加密数据下链后通过私钥解密获取数据或文件	1）数据交换运行日志上链，过程留痕，方便跟踪回溯验证。 2）通过数据标识和数据特征值（也叫数据手印）上链，方便交换数据验真。 3）对于隐私等敏感数据或文件，发送方通过接收方的公钥加密后安全上链，并通知接收方，接收方将加密数据下链后通过私钥解密使用。 4）提供数据服务上链，使用方可以通过上链的数据服务查询和使用数据，方便实时数据交换共享	1）治理管理过程上链留痕，实现发布、审核、申请、审批等流程过程上链，方便过程跟踪回溯，实现治理规则公开可信、可回溯。 2）数据质量上链，数据质量管理过程及结果在链上公开，便于医院方提供高质量的数据。 3）数据标准及落标情况上链公开，便于行业标准落实和考核。 4）提供链上数据生态，能进一步了解数据资源的管理过程，了解数据流通过程	1）开放共享管理流程留痕，实现发布、审核、申请、审批、智能合约提供、服务使用等流程过程上链，方便过程跟踪回溯验证。 2）数据开放与共享运行过程关键日志上链留痕，方便过程跟踪回溯，避免过程遗漏。 3）对于有条件开放的数据，可以通过数据标识和数据特征值（也叫数据手印）上链，通过数据标识方便数据跟踪验真。 4）对于不予开放但需要共享的数据，如隐私等敏感数据或文件通过使用方公钥加密后安全上链，使用方将加密数据下链后通过私钥解密使用，以防扩散。 5）提供链上数据生态，能进一步了解数据开放共享的管理过程，了解数据流通过程

以医疗行业数据上链为例，将省市县三级平台的数据采集服务、数据交换服务、数据共享服务等，经各前置数据集成节点、中心数据集成交换节点实现各级医院业务系统与政府部门、其他机构、企业、医院等之间的数据互联互通，没有数据孤岛。

（1）县级数据中心部署县平台管理中心及县中心数据集成交换节点，各区县辖医院前置节点采集数据后在缓存库缓存数据，数据采集到缓存库后可基于前置节点的数据加工、转换、清洗组件进行数据过滤、清洗、质量检查、转换等处理；数据处理完毕后前置节点会与县中心数据集成交换节点建立传输通道，将标准的、质量过关的数据传输至县中心数据集成交换节点；县中心数据集成交换节点接收数据后，将数据落地到县级数据中心的同时会与市中心数据集成交换节点建立传输通道，将数据传输至市中心数据集成交换节点，由市中心数据集成交换节点将数据装载至市级数据中心。

（2）市级数据中心部署市平台管理中心及市中心数据集成交换节点，各市辖医院前置节点采集数据后在缓存库缓存数据，在缓存数据的同时前置节点会与县中心数据集成交换节点建立传输通道，将数据传输至市中心数据集成交换节点，由市中心数据集成交换节点将数据装载至市级数据中心。

（3）省级数据中心部署省平台管理中心及省中心数据集成交换节点，各省属医院前置节点采集数据后在缓存库缓存数据，在缓存数据的同时前置节点会与市中心数据集成交换节点建立传输通道，将数据传输至省中心数据集成交换节点，由省中心数据集成交换节点将数据装载至省级数据中心。

（4）省市县三级数据中心装载完毕后，可进行数据元及数据实体等资源梳理、质量稽核、数据安全管理等数据治理工作。通过区块链管理将数据采集、交换、加工、清洗等数据处理、数据共享、数据治理等功能进行上链存证、全网共识，可进行数据验真、接口验真、链路跟踪、数据溯源等处理，确保数据交换、集成、融合、治理、利用等过程均在可信环境下进行，全过程公开透明。区块链三级平台部署图如图 8-8 所示。

在数字经济时代，人们越来越多地使用数据、数字化商品和数字化资产，区块链为其共享、流通和交易的信任和安全机制提供了一种有效解决方案。一体化大数据平台 + 区块链部署图如图 8-9 所示。

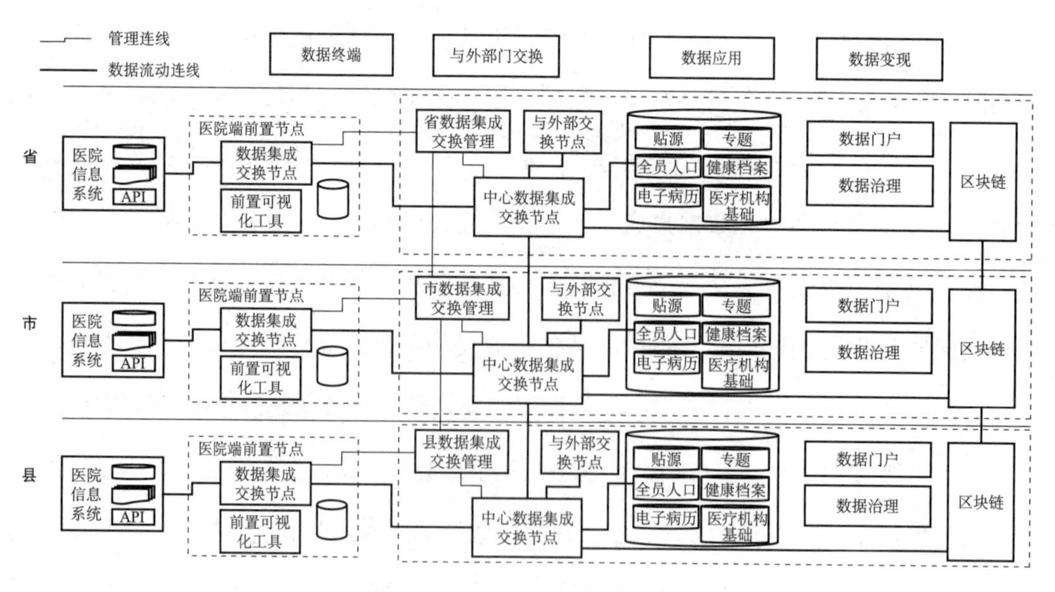

图 8-8　区块链三级平台部署图

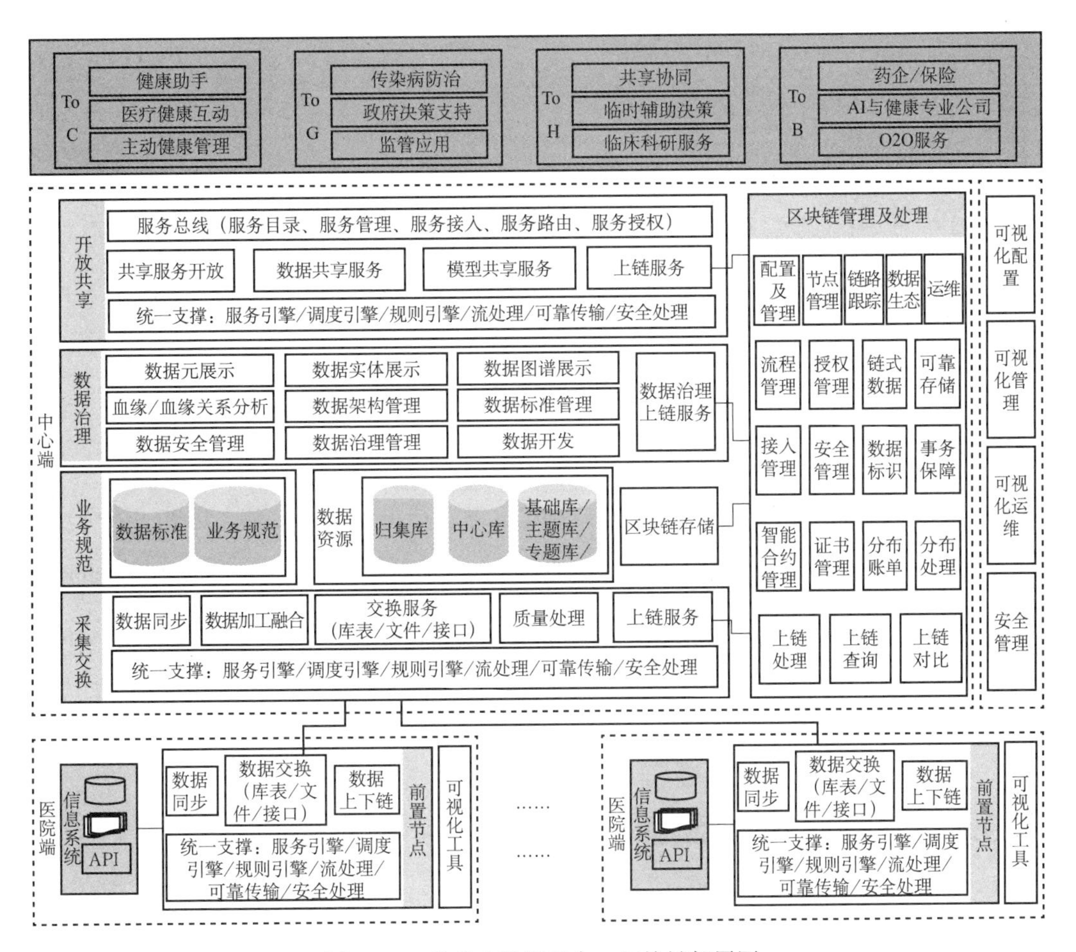

图 8-9　一体化大数据平台 + 区块链部署图

第 9 章　一体化大数据平台应用场景及典型案例

一体化大数据平台基于微服务插座式架构，各功能模块均可被独立部署，各个功能模块之间是松耦合的，可按需选择不同功能模块进行组合（非集成，无孤岛），以形成不同解决方案（如数据归集与治理、数据交换、数据开放共享、区块链等），方便进行数据融合及赋能。不同模块组合有相应的应用场景。

9.1　数据归集与治理

数据归集与治理可打通各医院信息系统与政府部门、其他机构、企业、医院等机构间的信息孤岛，从而实现各机构信息系统的数据互通；在数据互通的同时进行数据和元数据的归集、加工、清洗、整合等处理形成数据资源目录，通过已归集数据和资源进行实体构建、标准梳理、规则库构建、质量稽核、数据脱敏等数据标准化、规范化管理，并形成数据治理可视化服务（如资源目录、评估报告、数据图谱、血缘 / 影响关系分析等）以供外部用户使用。在数据采集、交换、治理等各个环节均可通过区块链管理及处理进行上链存证、链路跟踪、链路溯源等处理，保证各个环节的公开和透明，处理环节全程可信。数据归集与治理应用场景部署图如图 9-1 所示。

该应用场景通常用于进行数据共享交换及治理、大数据平台、数据仓库、数据中台、数据治理等体系建设，主要由采集交换、数据治理、区块链管理及处理等部分组成。

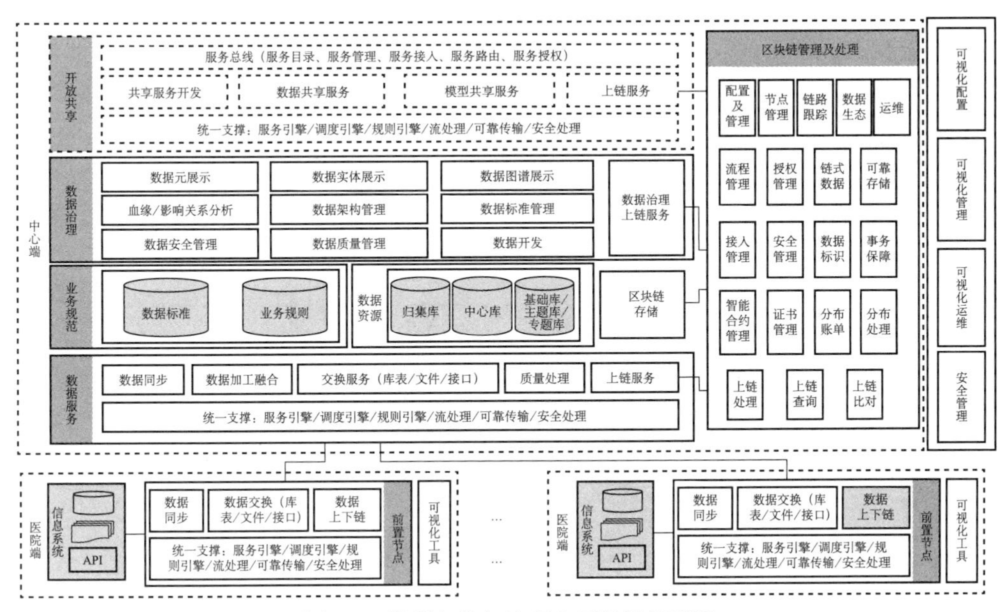

图 9-1　数据归集与治理应用场景部署图

9.2　数据交换

数据交换为各医院信息系统、政府部门、其他机构、企业、医院等提供稳定、可靠、安全、高效的数据交换服务及规范、高效、安全的数据交换机制，为各机构建立可靠且安全的数据传输桥梁，实现各机构信息系统间的数据互联互通和业务交互。基于区块链管理实现数据交换全过程留痕，保证数据交换全过程公开化、透明化管理，各环节可追溯。数据交换主要包括采集交换、区块链管理及处理等功能。数据交换应用场景部署图如图 9-2 所示。

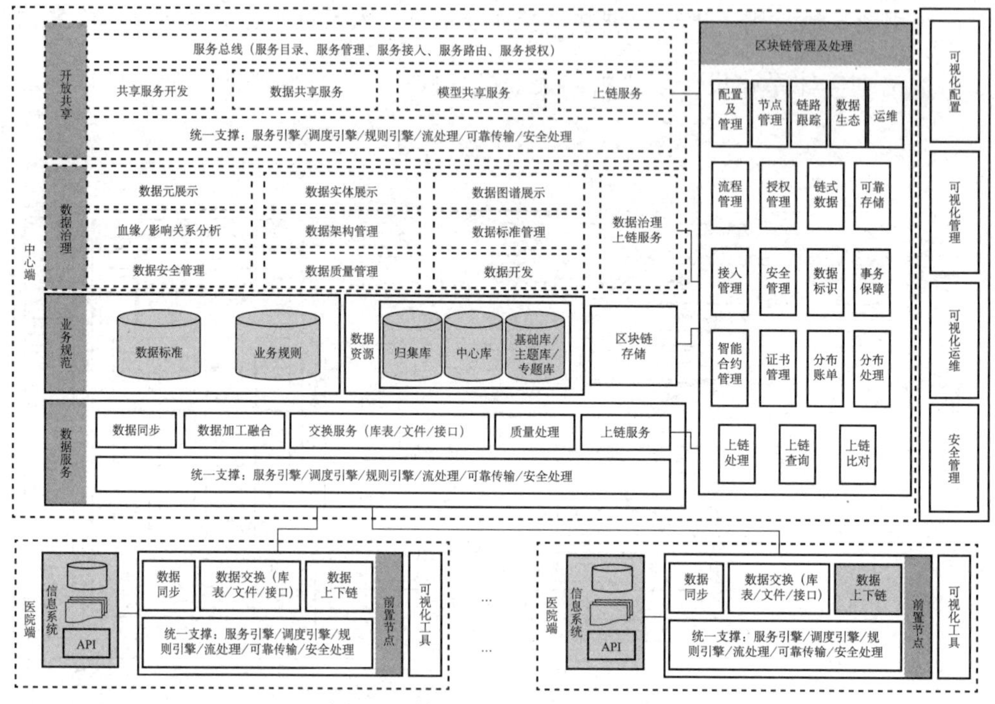

图 9-2　数据交换应用场景部署图

该应用场景通常用于进行数据共享交换体系建设，主要由采集交换、数据治理、区块链管理及处理等部分组成。

9.3　数据开放共享

数据开放共享提供完善的数据治理体系，保证数据标准化、规范化管理及治理。提供统一数据服务总线，形成统一的服务标准和应用集成标准，可对信息系统服务和接口进行统一管理，在此基础上可实现各信息系统之间的有效整合，实现信息系统间接口和服务的集中共享，基于区块链管理实现数据共享全过程留痕，保证数据共享全过程公开化、透明化管理，各环节可追溯。数据开放共享应用场景部署图如图 9-3 所示。

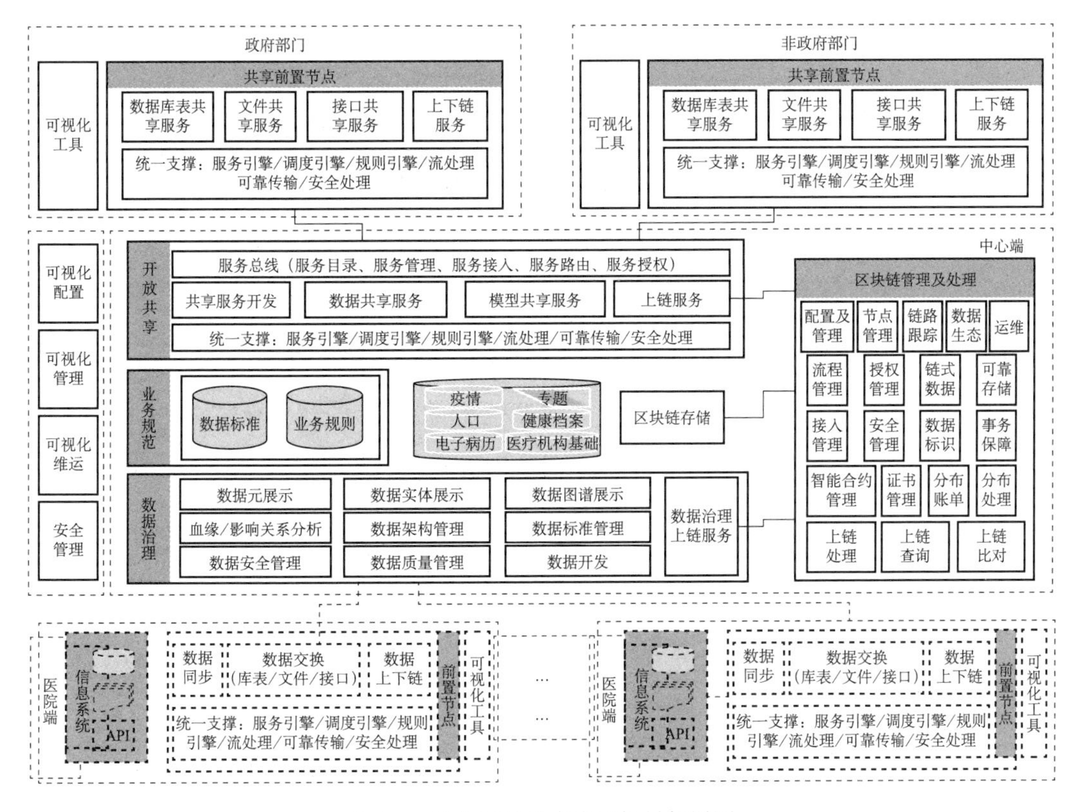

图 9-3　数据开放共享应用场景部署图

该应用场景通常用于进行数据治理、数据共享、数据服务总线、统一接口管理等体系建设，主要由数据治理、开放共享、区块链管理及处理等部分组成。

9.4　数据增值

数据增值基于数据支撑（数据采集、交换共享、治理等）对数据做资产化处理，将数据做业务化封装或者重构，以交换共享等方式提供面向业务的数据服务，可以支撑前后端业务快速创新，实现数据资产增值。

提供采集交换、数据治理、开放共享等数据支撑平台及可视化工具，实现各信息系统数据的集中、融合、共享及流转，实现数据业务化和资产化，保证数据的安全和质量，加快业务数据流转效率，提升数据价值。

提供统一数据实体（人、财、物、事等），使其具有元数据、标准、模型、标签、质量、安全等属性，方便数据管理和增值。

提供统一数据服务，通过可视化工具实现数据的业务化封装或者重构，以服务的方式提供给前后台业务系统、接入终端等提供安全可控的数据。提供多种方式实现数据服务价值化，实现快速创新。如监管和优化工具可实现业务流程的智能优化，提升业务流程改进速度；提供数据智能化组件，实现数据服务智能化。内置区块链管理，提供分布式数据存储、点对点传输、共识机制、加密算法等新型应用模式，具有透明、不可篡改、冗余和安全等特点。在数字经济时代，人们越来越多地使用数据、数字化商品和数字化资产，区块链为其共享、流通和交易的信任和安全机制提供了一种有效解决方案。数据增值应用场景部署图如图 9-4 所示。

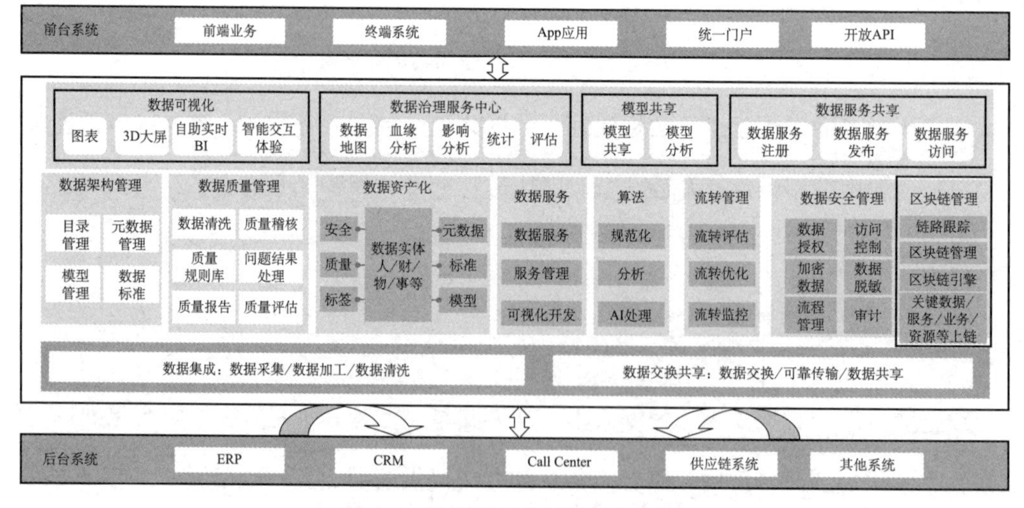

图 9-4　数据增值应用场景部署图

该应用场景通常用于进行数据应用、数据共享、数据增值、数据变现等体系建设。主要由采集交换、数据治理、开放共享、区块链管理等部分组成。

9.5　区块链管理及处理

平台提供区块链管理及处理功能。区块链是一个分布式的共享账本和存储系统，具有去中心化、不可篡改、全程留痕、可以追溯、集体维护、公开透明等特点，这些特点保证了区块链的“诚实”与“透明”，为区块链创造信任奠定了基础。

平台内置区块链管理引擎，主要包括数据上链、可信数据联邦、可信数据服务、可信数据交换共享、可信数据管理、可信数据质量管理、可信数据安全、可信数据生态等功能，可进行数据上链、存证验真、链路跟踪、形成数据生态等处理，保证数据采集、交换、加工等数据流转、数据治理、数据开放共享等过程留痕，全程可追溯且公开透明。区块链管理及处理应用场景部署图如图 9-5 所示。

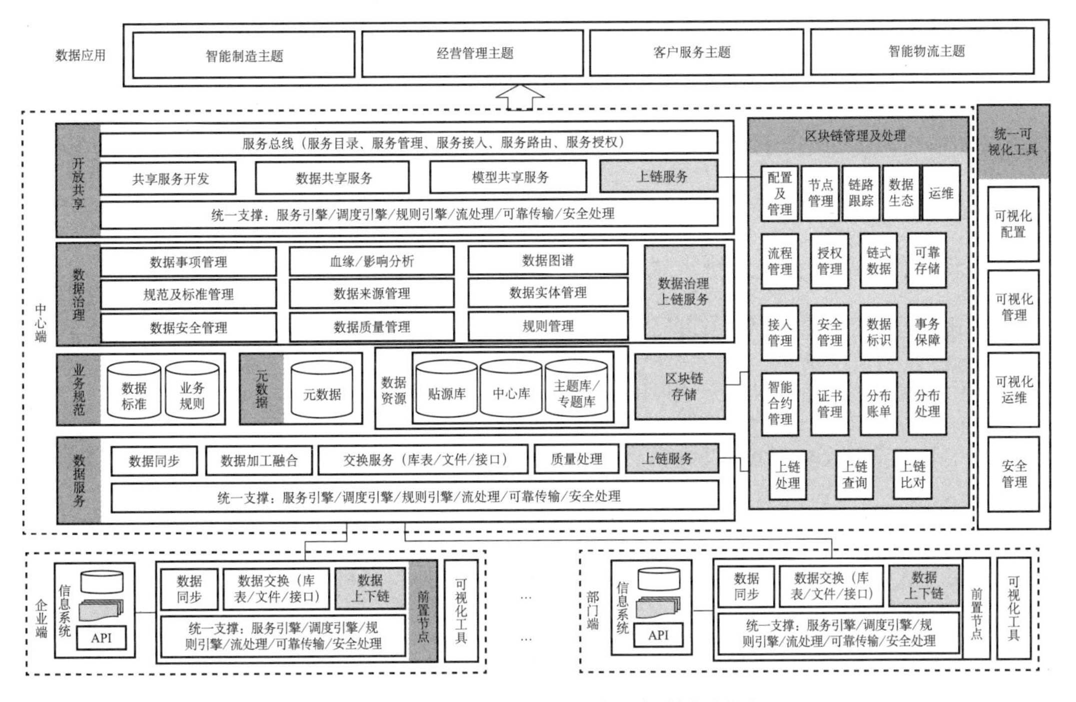

图 9-5　区块链管理及处理应用场景部署图

该应用场景通常用于进行区块链＋数据共享交换、区块链＋数据治理、区块链＋业务协同等体系建设，可解决数据交换、治理、共享等环节过程不可信及数据不可信等问题。

9.6　某部委管理信息系统异地灾备系统（数据复制与验证系统）

依据灾备系统建设规划设计，建设南北两个异地灾备中心（云灾备），实现某部委、全国32个省市、2个灾备中心之间的600余个系统的数据复制与验证，包括结构化和非结构化数据复制与验证。其中：南方异地灾备中心负责17个省级数据中心的业务数据灾备；北方异地灾备中心负责国家教委数据中心40个业务及15个省级数据中心的业务数据灾备。

该项目是基于大数据管控平台的数据复制与验证模块实现的。其中：在某部委数据中心部署一套数据复制软件，作为部省端数据复制节点和国家教委数据中心端配置及运维工具；南北异地灾备中心各部署一套数据复制软件，作为各省中心端、部省中心端的复制节点及集中运维管理工具，每个省级数据中心部署一套数据复制软件，作为省端数据复制节点和省端配置及运维工具。

实现数据库复制操作，可支持同构或者异构数据库复制，包括：Oracle、SQL Server、DB2、Sybase ASE、Sybase IQ、AS / 400、Informix、MySQL、Access、PostgreSQL、InterSystems Cache、Gupta SQL / Base、dBase、Firebird SQL、MaxDB（SAP DB）、Hypersonic、Generic database、SAP R/3 System、CA Ingres、Borland InterBase、人大金仓（KingbaseES）、达梦（DM）、神舟（OSCAR）、Netezza等不同版本的数据库；可实现数据库到大数据库的复制，如支持关系型数据库到大数据库的复制，如MongoDB、HBase、hive、Elasticsearch。

实现文件复制，支持文件、文件夹同步，支持变化文件同步。提供对文件的全生命周期管理，可以设定规则进行归档或者清理。

实现比对验证：完整、一致性比对验证，并提供报告。

实现调度策略，包括菜单调度、定时调度、流程调度、接口文件调度、接口表调度、通信触发调度，API、URL 等调度方式。

实现多种复制方式，支持一对一、一对多、多对一、多对多、物理隔离下同步等。搭配可视化工具，提供集中配置、管理和监控功能；可以通过 Web 方式进行监控。异地灾备系统部署图如图 9-6 所示。

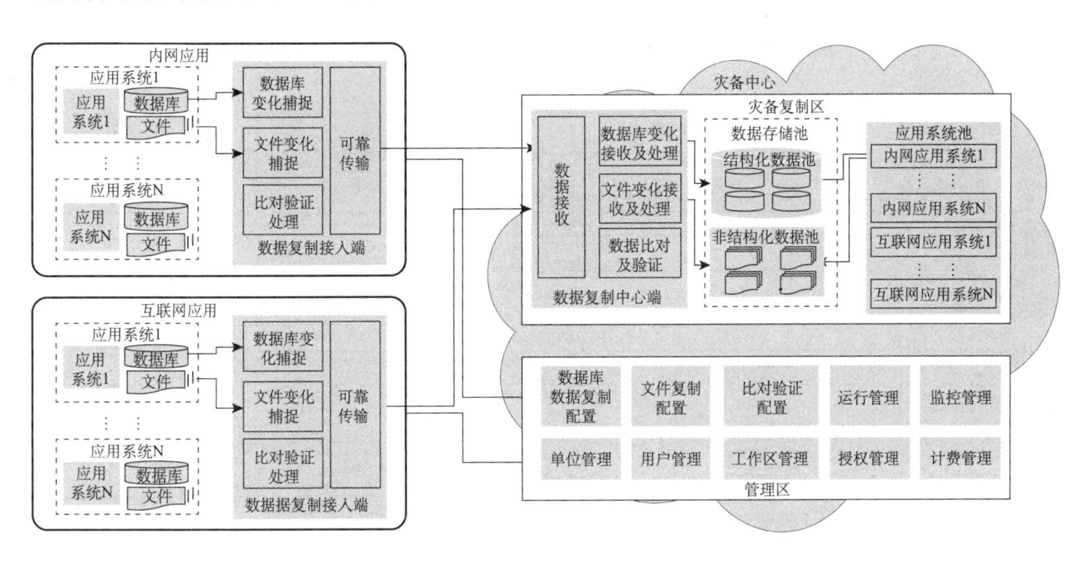

图 9-6　异地灾备系统部署图

9.7　某市政务信息资源共享交换平台项目

按照“一数一源、多源采集、集中管理”原则，某市将各部门管理和履职过程中产生的数据，进行自动归集整合，形成互联互通共享，打通数据流转壁垒，为服务政府决策和全市经济社会发展提供数据支撑。打通各部门的系统网络，整合政府部门信息资源，建成人口库、法人库、空间地理库等基础库、主题库、专题库等，建设共享交换平台、统一身份认证平台和统一网上支付平台，凡是办事过程中形成的材料、证明、证书、审批文件等均无须当事人重复提供。该项目可推动电子证照、电子印章、电子签名等电子政务系统建设应用，加快实现企业 CA（认证机构）电子认证、市民身份电子认证。

一体化数据平台实现了市、区两级政务部门的共享接入，实现基于目录的数据采集、传输、加工、转换、可视化配置；实现对数据质量的探测、检查与管理，包括质量规则设计、治理服务配置、治理服务部署与运行等，并能够根据质量检查情况出具质量报告。共享交换平台能力支撑范围为全部市级部门和十几个区及其相关部门。某市一体化数据平台功能图如图 9-7 所示。

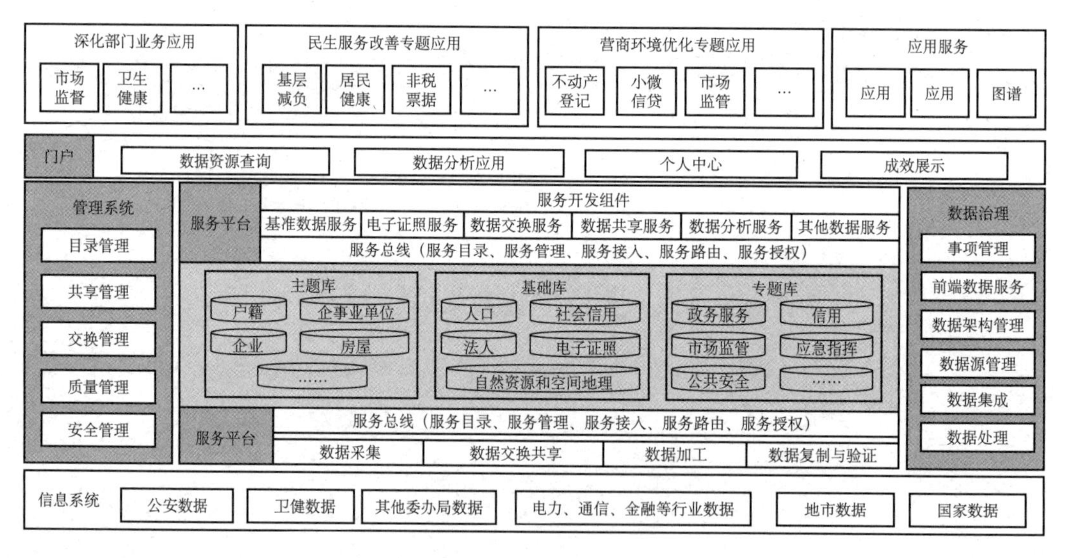

图 9-7　某市一体化数据平台功能图

共享交换功能满足包括但不限于市级、区级等政务数据交换共享业务应用，以及其他政务数据交换共享业务应用的需求。该项目提供完整的云平台框架，用于保证云平台的集中管控、安全控制、方便易用、灵活扩展，包括云平台运行系统、云平台管理系统、服务安全管理等，平台管理系统包括集中管控、目录管理、可视化工具等。

平台提供统一数据交换及整合服务，实现数据库、文件、XML、传输队列、适配器等之间的相互交换。该服务是通过可视化配置实现的，通过拖拉建立和异构系统之间的映射关系等。满足在复杂网络情况下的实时数据、批量数据、大批量数据的可靠安全传输等。

平台提供服务资源的安全管理，能对服务、数据库连接、运行节点等资源分级授权，支持用户组和用户管理，能对不同的用户组分别授权，也能对用户组下的不同用户分别授权。对于业务用户分别具有编辑权限、执行权限、查询权限等。

平台提供权限设置。平台操作员（或平台系统管理员）可对平台整体进行安全管理及授权；提供单位安全工作区，保证云平台使用单位（或者部门，以下简称单位）的独立性、隐私性、安全性；平台审计员实现对平台操作的安全审计；提供对数据交换、共享、开放环节全过程安全监控等。提供全库初步探测功能，对库中所有表做初步探测可获得库基本信息，每个表初步探测包括表名、主键字段数、外键字段数、字段数、必填字段数、记录数、空值率、空值比等。在同一个工具内，通过可视化实现数据节点管理、数据服务配置、服务目录管理、项目目录管理、运行及监控管理等。支持可视化批量导出和导入交换任务的配置信息。

支持数据采集过程中、汇聚后的检查、治理、管理等功能。提供数据质量管理，以及数据加工处理、数据开发等功能，须能对数据质量、元数据、数据血缘关系、数据资产状况、数据加工处理、数据共享等服务进行管理。

平台提供基于元数据全方位画像的数据资产管理，实现数据全生命周期的管理与监控，全流程记录追本溯源，全景式资产可视化；提供数据资产全场景视图，满足不同用户的应用场景需求；提供多层次的图形化展示，满足应用场景的图形查询和辅助分析。

平台提供元数据管理，实现元数据的模型定义并存储，在功能层包装成各类元数据功能，最终对外提供应用及展现；提供元数据分类和建模、血缘关系和影响分析，方便数据的跟踪和回溯；提供元数据注册管理、变更管理，按表、字段的授权规则配置，元数据应用情况统计等功能。

平台提供数据开发功能，方便数据服务开发、数据流程加工建模，按流程和应用确定数据流；提供数据流程清册，为应用和流程集成提供唯一数据源，实现数据全流程一次录入多次共享，支持端对端的业务流程优化；提供部署和调度功能，方便数据流程和数据服务使用；提供数据质量管理，实现数据全生命周期的质量管理，能根据标准规则可视化配置数据质量检查策略，通过调度中心实现数据质量检查，发现问题数据；提供根据需要形成的数据质量评估报告和问题处理报告（主要包括：数据质量初步分析、数据质量精度检查、比对和验证检查、检查结果处理等功能）。

针对不同的用户提供数据结构、数据库数据、文件等的数据安全授权，包括对数据结构模型的授权、数据库表和字段的访问授权、数据文件的访问授权等；提供对授权的对象分别设置允许访问、不允许访问等权限的功能。平台提供对来源于文件、数据库表等数据中的敏感内容设置数据脱敏处理功能；提供对不同的字段内容设置不同的数据脱敏规则，包括数据加密、数据模糊化处理等功能；提供可视化定义数据服务共享的数据字段、数据内容、转换策略、数据加密、数据查询条件等功能；提供对数据访问的身份鉴定和访问控制等安全策略功能，数据使用者须通过数据提供者提供的用户名、密码、安全授权等信息访问数据提供者提供的数据服务。

9.8 某股份制上市银行文件传输系统

采用一体化大数据平台的数据交换模块，该行搭建了统一批量数据交换平台，实现涵盖 200 多个系统的文件交换，包括行内各业务系统之间、总行与分支行之间，总行与外部机构间的批量数据交换。理顺批量数据交换流程，统一批量数据接口规范，实现对批量数据交换的全流程监控管理。文件传输系统部署图如图 9-8 所示。

只需部署两台数据库服务器，一台用于存储系统信息，另一台用于备份。管理服务器采用 F5 负载均衡。中心节点采用主备模式，主节点用于对外文件传输业务，备节点用于备份。

行内系统文件交换节点采用分布式部署，各交换节点可直接进行与其他系统间的文件传输业务。每个交换节点独立运行，管理服务器出现宕机、网络中断等情况后各交换节点也可继续运行。管理工具用于文件传输任务的可视化配置、部署、运行及监控。

截至 2018 年 10 月，文件传输系统已完成行内超过 230 个系统的文件传输业务接入，行外业务系统已超过 10 个。行内系统通过行内文件交换节点直接进行文件传输，行内外文件传输业务通过 SFTP、FTP 由中心节点进行跨域文件传输。文件传输系统日交换量均值在 180G 以上，高峰期日交换量超过 800G。业务并发情况：文件传输业务并发量均值在 350G 左右，高峰期每日并发量超过 600G。

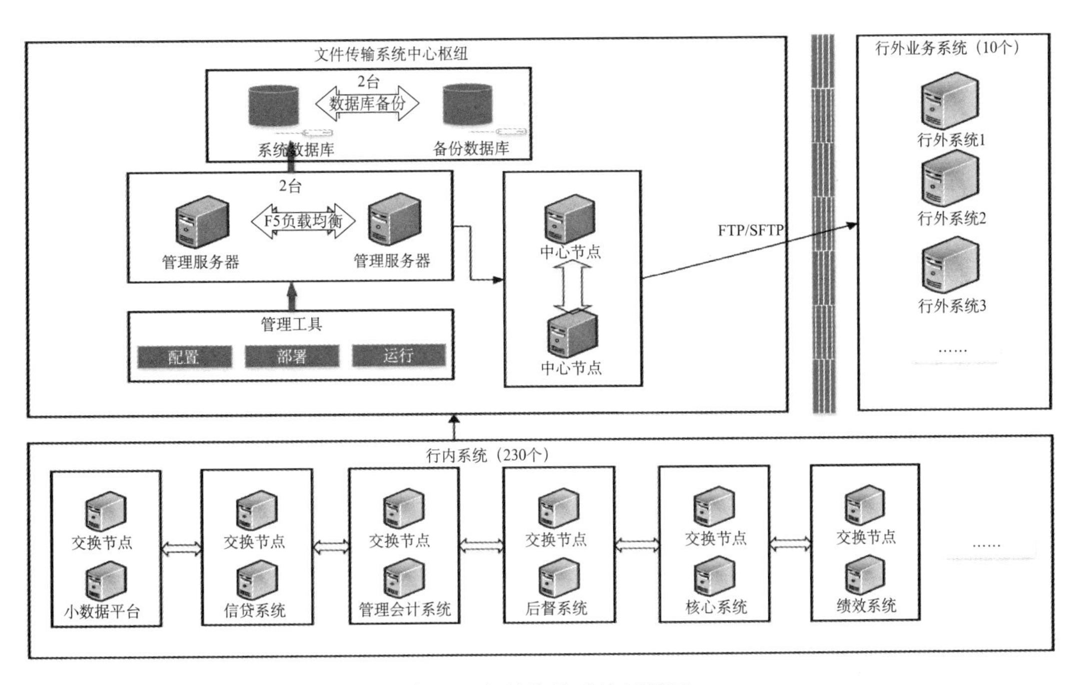

图 9-8　文件传输系统部署图

附录 ××市公共数据管理办法

第一章 总 则

第一条 为加强公共数据管理，推动公共数据共享、开放和应用，提升政府治理能力和公共服务水平，服务经济社会发展，根据相关法律、法规，结合本市实际，制定本办法。

第二条 本办法所称公共数据，是指本市各级政务部门、公共服务企事业单位在履行职责、提供服务过程中采集、产生的各类数据资源。

本办法所称政务部门，包括本市各级行政机关以及法律、法规授权具有社会公益服务职能的事业单位和社会组织。

本办法所称公共服务企事业单位，包括本市供水、供电、供气、供暖、公共交通、运输、通信、教育、医疗、康养、邮政和其他承担公共服务职能的企事业单位。

第三条 本市行政区域内公共数据的采集、汇聚、共享、开放和应用及其相关活动，适用本办法。

涉及国家秘密的公共数据资源，按照相关法律、法规的规定执行。

第四条 公共数据管理应当遵循统筹集约、依法采集、按需共享、有序开放、合规应用、安全可控的原则。

第五条 市、区县人民政府应当加强对公共数据管理工作的领导，建立健全工作协调机制，研究解决公共数据管理工作中的重大问题，组织制定电子政务和公共数据发展规划，并向社会公布，将公共数据管理所需经费纳入财政预算。

第六条　市大数据主管部门负责统筹、组织、协调、指导和监督全市公共数据管理工作，负责组织建立公共数据资源管理制度，综合管理、调度和使用全市公共数据资源。

各区县大数据主管部门按照全市统一部署，负责统筹、组织、协调、指导和监督本行政区域内公共数据管理工作。

各级政务部门和公共服务企事业单位按照本级统一规划，分别负责本部门、本单位公共数据管理工作。各级政务部门和公共服务企事业主要负责人是本部门、本单位公共数据资源管理的第一责任人，应当明确专职机构和专职人员具体负责公共数据资源管理工作。

第七条　市、区县大数据主管部门应当会同本级有关部门建立健全公共数据安全监管体系。

各级政务部门和公共服务企事业单位应当按照国家法律、法规和有关规定，建立健全本系统、本单位公共数据安全管理制度和工作规范，保障公共数据安全。

第八条　市大数据主管部门负责建设全市统一的政务云、政务网络等基础设施，各级政务部门应当利用统一基础设施，实施本部门非涉密政务信息系统的建设和运行维护。

各级政务部门已经建成的非涉密政务信息系统，应当充分整合并迁入统一基础设施。国家、省有明确要求的，按照有关要求执行。

本市支持公共服务企事业单位实施信息系统上云工作，鼓励接入本市云平台，禁止接入境外云平台或者将公共数据存储在境外服务器。

第九条　市大数据主管部门负责组织建设全市统一的大数据平台，支撑全市公共数据的目录管理、汇聚、共享、开放和应用。

区县大数据主管部门依托市大数据平台，开展公共数据资源管理，不再建设本行政区域大数据平台。

各级政务部门依托统一大数据平台开展公共数据共享、开放和应用工作，不再开辟自有渠道。

第十条 各级政务部门和公共服务企事业单位推进公共数据建设管理、服务应用、安全保障等，应当执行有关国家标准、行业标准、地方标准和相关规范。

第二章 数据目录

第十一条 公共数据实行统一目录管理。

市大数据主管部门应当按照国家政务信息资源目录编制指南要求，结合本市实际，组织制定本市公共数据资源目录编制规范，明确数据的元数据、共享和开放属性、安全级别、使用要求、更新周期等。

第十二条 各级政务部门和公共服务企事业应当依据本市公共数据资源目录编制规范，将本单位全部非涉密公共数据编制形成本单位的公共数据资源目录。

区县政务部门应当在上级主管部门指导下，编制形成本单位公共数据资源目录清单，并报本区县大数据主管部门汇总形成本区县公共数据资源目录。

实行市级以下垂直、半垂直管理的政务部门，由市级政务部门编制本系统公共数据资源目录。

公共服务企事业单位依照服务范围和全市公共数据资源目录编制规范，编制本单位公共数据资源目录。

市大数据主管部门对市级政务部门、区县大数据主管部门和公共服务企事业单位编制的公共数据资源目录进行审核汇总，形成全市统一的公共数据资源目录。

第十三条 市大数据主管部门应当会同基础数据库和主题数据库建设部门组织基础数据资源目录和主题数据资源目录编制工作。

基础数据资源包括人口数据、法人单位数据、自然资源和空间地理数据、电子证照数据、社会信用数据等公共数据资源。

主题数据资源是围绕经济社会发展的同一主题领域，由多部门共建形成的公共数据资源。

第十四条　各级政务部门和公共服务企事业单位应当建立公共数据资源目录动态调整机制，有关法律、法规做出修改或者职能发生变更的，应当在15个工作日更新公共数据资源目录。

第三章　数据汇聚

第十五条　各级政务部门和公共服务企事业单位应当遵循合法、必要、适度原则，依照法定权限、程序和范围，向有关公民、法人和其他组织采集公共数据。

各级政务部门和公共服务企事业单位应当按照一数一源、一源多用的原则，开展内部信息系统整合，规范本部门、本单位公共数据维护程序。除法律、法规另有规定外，不得重复采集、多头采集可以通过共享方式获取的公共数据。

采集公共数据应当包含被采集对象统一社会信用代码、身份证号等关键标识信息。

第十六条　各级政务部门依法履行职责需要购买社会数据的，应当报本级大数据主管部门批准；采购的数据应当纳入本部门公共数据资源目录并按照有关规定共享。

第十七条　市大数据主管部门应当按照国家和省有关要求，制定全市统一的公共数据汇聚规范。

各级政务部门和公共服务企事业单位应当按照统一汇聚规范，将公共数据资源目录中的可共享数据和可开放数据向市大数据平台汇聚。

区县大数据主管部门负责组织本行政区域可共享和可开放的公共数据汇聚工作。

实行市级以下垂直管理的政务部门，由市级政务部门向市大数据平台汇聚本系统可共享和可开放的公共数据。

第十八条　基础数据库的建设部门应当通过市大数据平台对相关政务部门公共数据资源进行整合、叠加，汇聚形成各类基础数据库。

第十九条　主题数据库的建设部门应当通过市大数据平台整合、叠加基础数据库和其他公共数据，汇聚形成若干主题数据库。

第二十条　市大数据主管部门根据经济社会发展水平，通过市大数据平台整合、叠加基础数据库、主题数据库、政务部门公共数据资源和其他公共数据，汇聚形成综合数据库，为政务决策、城市管理和公共服务提供支持。

第二十一条　各级政务部门和公共服务企事业单位应当按照公共数据资源目录中的更新周期对本单位的共享和开放数据进行更新，保证公共数据的完整性、准确性、一致性和时效性。

基础数据库、主题数据库的建设部门应当及时组织更新基础数据库和主题数据库中的数据。

第二十二条　各级政务部门和公共服务企事业单位应建立数据质量校核机制，对采集的公共数据进行电子化、结构化、标准化处理，保障数据的完整性、准确性、时效性和可用性。数据使用方对共享或者开放获取的公共数据有疑义或者发现错误的，应当及时反馈数据提供方予以校核。

第四章　数据共享

第二十三条　公共数据按照共享类型分为无条件共享类、有条件共享类、不予共享类。

可提供给各级政务部门和公共服务企事业单位共享的公共数据属于无条件共享类。可提供给部分政务部门、公共服务企事业单位共享或者仅能够部分提供给政务部门、公共服务企事业单位共享的公共数据属于有条件共享类。不宜提供给其他政务部门、公共服务企事业单位共享的公共数据属于不予共享类。

各级政务部门、公共服务企事业单位认为本单位的公共数据属于有条件共享类或者不予共享类的，应当在本部门、本单位编制的公共数据资源目录中注明相关法律、法规和规章等依据，其中有条件共享类公共数据资源应由数据提供单位列明申请条件。

发生突发公共事件时，为保障国家安全、公共利益的需要，政务部门和公共服务企事业单位应根据事件处置需要，及时将有条件共享或不予共享类的公共数据的共享属性临时性调整为无条件共享或有条件共享类公共数据。

第二十四条　各级政务部门和公共服务企事业单位依法履行职责，可以使用其他有关单位的公共数据。对无条件共享类的公共数据，使用单位可以通过市大数据平台共享系统直接获取。对有条件共享类的公共数据，使用单位可以通过市大数据平台共享系统向数据提供单位提出共享申请，数据提供单位应当在10个工作日内予以答复。数据提供单位同意共享的，数据使用单位应当按照答复意见使用公共数据；不同意共享的，应当说明理由。

第二十五条　各级政务部门和公共服务企事业单位从市大数据平台获取的数据，应按照明确的使用用途用于本部门、本单位履行职责或者提供服务，不得直接提供给第三方，也不得用于或变相用于其他目的。法律、法规另有规定的，从其规定。

各级政务部门和公共服务企事业单位可以通过数据共享手段获取的电子材料，除法律、法规另有规定外，不得要求申请人另行提供纸质材料。

第五章　数据开放和应用

第二十六条　市公共数据开放网络依托市大数据平台建设。各级政务部门和公共服务企事业单位通过济南公共数据开放网络向社会提供本部门、本单位有关公共数据的开放服务。

第二十七条　各级政务部门和公共服务企事业单位开放公共数据应当符合相关法律、法规规定，并按照数据安全、隐私保护和使用需求等，在公共数据资源目录范围内，制定本部门、本单位的公共数据开放清单，列明可以向社会开放的公共数据。公共数据开放清单通过开放网站予以公布。

可开放的公共数据资源按照开放属性分为无条件开放和依申请开放两种类型。

第二十八条 各级政务部门和公共服务企事业单位应当按照数据安全保密相关法律、法规要求，对拟开放的公共数据进行安全保密审查。

第二十九条 公民、法人和其他组织可以通过 ×× 市公共数据开放网络直接获取无条件开放的公共数据。

公民、法人和其他组织申请获取依申请开放的公共数据，各级政务部门和公共服务企事业单位应当依照国家、省和市有关政府信息公开的规定及时予以办理。

第三十条 公民、法人和其他组织管理和应用获取的公共数据应当符合法律、法规规定，使用或者利用依申请开放的公共数据应当与申请的使用用途保持一致。

第三十一条 市、区县人民政府应当将公共数据作为促进经济社会发展的重要生产要素，发展和完善数据要素市场，培育数字经济新产业、新业态和新模式，依法依规推动公共数据在经济发展、市场监管、社会管理、公共服务、环境保护等各个领域的开发应用。

公共数据的开发应用，应当符合保障国家秘密、国家安全、社会公共利益、商业秘密、个人隐私和数据安全法律法规的规定。

针对特定范围的公共数据的开发应用，应当在法律、行政法规规定的范围内，由市大数据局会同有关部门组织对公共数据开发应用进行安全风险评估，并依法做好公共数据开发应用的监督管理。

第六章 监督管理

第三十二条 本市对政务信息系统实行登记管理。各级政务部门建设、使用和管理的政务信息系统，应当向本级大数据主管部门办理登记。

第三十三条 市人民政府定期对区县人民政府、市级政务部门公共数据资源管理情况进行评估。评估工作可以委托具备评估能力的第三方机构开展。

第三十四条 市、区县大数据主管部门应当会同有关部门制定公共数据管理相关工作培训计划，定期组织对相关工作人员进行培训。

第七章 法律责任

第三十五条 违反本办法规定的行为，法律、法规已规定法律责任的，从其规定。

第三十六条 各级政务部门、公共服务企事业单位及其工作人员有下列行为之一的，由大数据主管部门责令限期整改；拒不整改或情节严重的，由大数据主管部门提请有关部门对直接负责的主管人员和其他直接责任人员按照相关规定处理，构成犯罪的，依法追究刑事责任：

（一）拒绝或者妨碍将本部门、本单位业务系统迁入政务云平台和统一电子政务网络，或者采取技术措施导致连接不畅的；

（二）未按要求编制或更新政务数据资源目录的；

（三）未按照本办法要求向市大数据平台提供数据；向市大数据平台提供的数据与本部门、本单位所掌握信息不一致；未及时更新数据或者提供的数据不符合有关规范，无法使用的；

（四）将从市大数据平台获取的公共数据资源用于或者变相用于与本部门、本单位履行职能无关的其他目的的；

（五）未按照规定履行数据采集、汇聚、共享、开放和应用职责的其他行为。

第三十七条 公民、法人和其他组织在使用数据过程中有下列危害数据安全行为的，依法追究相应法律责任：

（一）未按照申请用途使用数据，未遵守数据使用安全规定的；

（二）侵犯商业秘密、个人隐私等他人合法权益的；

（三）利用公共数据获取非法收益的；

（四）未按照规定采取安全保障措施，造成危害信息安全事件的；

（五）其他违反数据安全法律、法规的行为。

第八章　附　则

第三十八条　发生突发公共事件时，相关政务部门和公共服务企事业单位因处置突发事件需要获取、使用公共数据以外的社会数据的，应当对社会数据承担保密义务，并按照国家有关规定对数据提供者予以补偿。法律、法规有规定的，从其规定。

第三十九条　本办法自 ×××× 年 ×× 月 ×× 日起施行。